序

この本は、電気事業法が改正され今年6月から始った「電力の完全自由化」について、判り易く説明したものです。一般的な言い方で述べれば、これからの「電力改革」の総括書です。しかし、今回の改正法の条文を逐いち説明しようというものではありません。改正法の意味合いは何か。今回の改正によってどんなことが国民のみなさんの身の廻りに生じるのかということを書いた本です。

国民の代表である国会議員が今国会で一致して、4年前同じく全会一致で成立させた再生可能エネルギー特別措置法を前提に、今回改めて電力システム改革を実施する法律を成立させました。それは何を意味するのかと言えば、これから日本国民がコンプライアンスを守り、この法律通りに生きて行こうとすると、間違いなく全員命がけで地球の温暖化を止める行動を、一所懸命に行なうということを宣言したことになるのです。この本の、「きれいな地球にする覚悟」という題は、そういうことを表わしております。しかし、これから2020年までの5年間に、たぶん国民の皆さんがあっと驚くような、大問題が生じるでしょう。

それを、解説するのがこの本の狙いの一つです。

平成32年（2020）には、電気事業が完全自由化し、今の電力会社を解体して発電会社、送電会社、配電（販売）会社に分解。商売も、何でも自由に行なえます。電気料金も、自由に決められます。しかし同時に、今迄のように電力会社に「供給責任」は無くなりますので、停電したからといって電力会社に「早く電気を灯けろ」と怒鳴りこんだりは出来ません。そして、他の商品取引と同じく、「電力（Kwh）」という商品は、これから激しく先物市場取引が行われ、段々と金融商品化して行くでしょう。ただし、昔のお代官様に当たるお役所（公正取引監視機関）の目は、ますます厳しくなります。違法なことをすれば、刑事罰まで課されることになるでしょう。

福岡大学の法学部で、コンプライアンスを学生に説いて来た私です。そして今も、久留米大学特命教授として、大学改革などにも取り組んでおります。したがって法律が出来た以上、その法律を順守し行動しなければなりません。

法律を順守しながら、改革によって生じる大問題を解決していかなければなりません。それが、方向転換の理由です。

さて歴史の流れには、節目というものがあるようです。

平成30年は西暦2020年ですが、明治維新から数えてちょうど152年目です。その年に、この国会で成立した電気事業法改正すなわち「電力システム改革による電力の完全自由化」が、始まります。

ただ私は、もっと電力の経営者をはじめ、多くの電力のプロたちの意見を十分に聞いて、きちんとした仕掛けを作らないと自由化しても役に立たない、逆に電力を使う国民が不便になるだけだと言い続けて来ました。そのために、この4年間に7冊の本を出しました。

しかしながら、いうまでもなく国会は全国民の代表者であり首相はそのリーダーです。その人が、懸命に電力改革を先頭に立って推進してこられました。その結果、殆ど全会一致でわが国の電力を完全自由化するための、発送電分離を含むシステム改革が成立したのです。

これは、確かに戦後70年目の大改革です。歴史的に言うとどのような意味があるだろうか。大きな観点から俯瞰して見る必要があります。一人の電力問題を専門とする学者として、この一か月間、種々考えておりました。やっと出て来た結論は、あくまで日本人は地球環境問題への貢献をすること、それしか無いということに結び付く。それが、唯一の結論だと思いました。どんどん地球は汚れています。それは、他の国や民族よりも先に成熟国家になった私たちの大きな責任であり、それを解決し元の「きれいな地球」にする義務があると考えたのです。

すなわち、いま日本人が全て〝自己責任〟で「綺麗な地球をつくるために行動しようと覚悟したのだ」と考えました。

4年前に東日本大震災が起きるまで、日本人は原子力大国を目指し、CO2の無い原子力発電を増やすことで、地球環境の改善に貢献するしかないと思っていました。だが、思いもよらなかった未曾有の大災害に出会って、不幸にも原子力発電所が壊れるという事故に巻き込まれたことで、日本人はしまったと思ったのではないでしょうか。その結果、自然エネルギー、すなわち太陽光や風力などを利用した、再生可能エネルギーを大量に導入し、原子力を追い出してでも地球環境問題に貢献し、CO2を減らすべきだと考え、即座に行動を起こしたのです。

だが、一挙に決めつけてしまうのは、これまたとても危険なのです。少なくとも私たちは、先人が苦労しながら積み重ねてきた数々の過去の歴史的事実や遺産を忘れてはなりません。せっかく先人が積み上げて来た努力の重要な成果の一つが原子力発電という貴重な遺産なのです。私はそれを日本から追い出しては駄目だと、真剣に考えてきました。だから、懸命に政府の見解に反対して来ました。原子力発電に対する考えは、今も全く変って居ません。

しかしよく考えて見ると、この3・11という大事件が起きなかったとしても、自然エネルギーの導入が必要だと言う声が大きく湧き起っていたのは確かです。したがって、全く偶然に発生した原発事故で、私たち日本人の考えが明確になるのが、前倒しされて相当に早まったというように考えるべきではないでしょうか。今国会での、電気事業法の改正を、私はそう思いました。

逆に言えば、日本人の地球をきれいにしようという覚悟が、たぶん10年か15年ぐらい早まったことです。それに、また今回の改正法も相当に急いで作られて来たために、今後、かなりの補完と修復が必要です。私が主張して来た問題が、消えたということは殆ど無いのです。むしろ、10年か15年ぐらい早まったために、国民の皆さんの負担がとても重くなったのを、どう解決するかが大きな課題なのです。わざわざ、これから5年後の東京オリンピックの年まで、完全自由化の実施を延ばしたのは、そういう意味で手直しをしなければ、とても国民の混乱と負担が重くなると言うことでしょう。

しかし、方向性は明白です。日本人が、21世紀に地球人類に貢献する使命は、環境問題への挑戦しか無い、「きれいな地球にする覚悟」ということを踏まえ、この本ではその覚悟の時期が早まったために発生している当面の莫大な国民負担を、どのようにすれば減らせるのか。また、どのようにシステムを修復修正する必要があるのか。それを、私的な見解として纏めてみました。

纏めながら、これは電力の問題だけではなく、ＩＣＴ（情報通信技術）を活用しグローバルにＩｏＴ（Internet of Things）をこれからのビジネスに生かさなければならない、多くの事業や産業にも殆ど同じ様な課題が突きつけられていると考えた次第です。何故なら、皆が電力（Ｋｗｈ）というエネルギー（それが商品ですが）を利用しなければ、仕事が出来ない世の中になっているからです。

是非ご一読して頂き、これからの国民各位の覚悟を決められる材料にして頂ければ光栄です。

ついでながら、私は今回、エネルギー資源問題のみを取り挙げましたが、よく考えてみますと、地球環境問題には「資源の再利用」という大問題があります。その取り組みは始まったばかりですが、これから益々重要になると思います。同時に私たちは、世界の人類人口の僅か2％ぐらいにしか過ぎない日本人が、先進国に坐して文明を味わって来れたのは、他の98％の国々のおかげであると思わなければなりません。そうした観点からすれば、これからのわが国が地球の永遠の発展のためになすべき役割は、こうした「地球環境問題の解決」の他に、さらに「人間の命の追究」と「宇宙の追究」の2つを加えなければならないと思います。

もしも、私がこれからも体力と知力と熱意があったら、この3つを続いて追究していきたいと思っています。

平成27年7月1日

著者

目次

第6章　電気料金の大高騰要因

第1章　電力を自由生産し、自由に選別購入する時代
——自己責任で「命」と「地球」を守るべし

この章の要旨

平成27年（２０１５）6月17日（水）、5年後の平成32年4月から今の電力会社を解体して、発電（生産部門）と送電（輸送部門）とさらに配電（販売部門）を切り離し、法律的に独立会社に分解すべし。そういう電気事業法の改正が、参議院で可決成立しました。賛成２０８票、反対は僅か23票でした。

この法律通り実施されると、これからは電力（Ｋｗｈ）という商品は、誰でも自由に生産し販売が出来ることに成ります。もちろん、他の商売と同じように外国人でも出来ます。同じように、電力（Ｋｗｈ）と言う商品を使う場合も、何処からでも自由に購入することが出来ます。当然、市場競争が激しくなるでしょう。今迄は、もしも停電すると3分間と待てない日本人は、「早く電気を灯けろ」と電力会社にどなり込んでいました。今後は無理です。全ては、国民各自の自己責任で処理するしかありません。また当初は何百社もが、入り乱れて競争するでしょう。悲喜こもごも、どんな商売も同じですが、ブランド・コスト・販売

力・サービス・おもてなしの仕方などの違いで、勝者敗者が出て来ます。また先物取引は、当然「電力（Ｋｗｈ）」という商品が、実物を離れて金融証券の有力な材料にもなっていくでしょう。

電気事業は戦後70年間も、全く変らない独占事業だから解体して自由化すれば、電気料金が安くなる、取引が自由に出来て安心、サービスが良くなるなどと思われているでしょう。でも、全然そんなに甘く単純な話では無いのです。

それに、前書きにも述べましたが、この法律改正の前提になっている、４年前に成立してどんどん実施されている「再生可能エネルギー特別措置法」で、今のところ平均するとＫｗｈ当たり33円（一番高いのは40円）の電力を、すでに今の電力会社が購入できないぐらいたくさんの発電所（主に太陽光発電）を、つくって良いという許可を与えてしまっているのです。

もちろん、皆が危ないと思った原子力の代わりに、正に「地球温暖化防止のため」にそうしたのです。とにかく、無資源国の日本人が、懸命に「きれいな地球を守る」覚悟をしていることだけは、確かなのです。

結論を言えば、もはや電力（Ｋｗｈ）を使わなければ生きていけない日本人が、その商品の供給責任は（今迄のように電力会社に頼るのではなく）、それぞれ自らが責任を持とうという、そういう時代に突入したと言うことです。

◇何故、電力会社が解体されるのか

とうとうこの国は、戦後七十年目に電力・ガスという国家のライフラインに等しい産業のシステムを解体する法律を、殆ど全会一致でこの6月衆参両議院で可決しました。２０１１年3月11日に起きた、未曾有の東日本大震災で福島第一原子力発電所がメルトダウンし、放射性物質を外部に放出する事故を起して以来の懸案事項が、一つの節目を迎えたということです。

その根源は、言うまでも無くこの３・11に遡ります。

4年前のその時以来、わが国のメディアは国民世論を背景に、当事者の電力会社を悪者に仕立て上げ、政・官・学そして経済界も一緒になって、地球環境対策と電力の安定供給のために、積極的に原子力発電を導入して来たことを、強烈に批判して来ました。

その結果、5か月後の8月26日には、再生可能エネルギー特別措置法が国会において全会一致で可決成立しました。

言うまでも無く、原子力に代わる目玉は太陽光や風力等再生可能エネルギーしか無いという方針であり、急いでその措置をする仕掛けが決められ、国民に積極協力を促して来ました。安倍首相をリーダーに、民主党に代わり与党に復帰した自民党中心の現政権もその方針を踏襲し、民主党政権が造った制度の後始末に躍起で在ります。寧ろその後始末を成長戦略の一助にしようという意味もふくめ、一連の電力システム改革を重要な政策手段に取上げておりました。それが、冒頭のように今回成立したということです。

私は一介の学者として、そのような慌ただしく大改革とその施策を行うのに、推定犯人にしてしまったプロの電力会社を排除し、その考えを殆ど聞かずに、言わば素人集団で欧米の事例などを優先的に取り挙げいくのは、今後に大きな問題を残すことに成ると種々あらゆる機会に訴えて来ました。特に発送電分離は、地域社会に大きなダメージを与えると主張して来ました。今も、その基本的考え方は変わっておりません。

しかしながら、国民が選んだ政治家が決めたインターネット時代を象徴するような、新たなルールが出来上がった訳です。今後は法治国家の一学者として、当然それを尊重し新たな知恵と考え方を打ち出すことに、懸命に努力し国家国民の為にもまた、電力やガス事業界だけでなく幅広く関係される多くのご関係先の皆様に、お役に立つよう努力していくべきだと思っております。

そうした覚悟の上に私が考える「わが国のこれからのエネルギー・ライフライン」は、産業としてどのように構築していくべきかにつき、私見を述べていきたいと思います。

◇これから電力を中心とした産業はどうなるのか
——やはり電力のプロを経営にも現場にも使うしかない

それを一言で表現すれば、今回成立した電力等の改革改正法を前提にすれば、最早わが国の場合、従来型の電力・ガス・石油などの個別エネルギー源を企業または産業として扱うことに拘るのではなく、「総合エネルギー事業」として、《システム化》して行くべきではないかということです。

すなわち、日本国民はこれからの21世紀において、世界の国々に伍して生きていくには、日本人にしか出来ない《凄い貢献》をするしかないのです。それは、エネルギーに関して言えば何としても増え続ける「温暖化の原因であるＣＯ２を世界の先頭に立って減らしていく努力」すなわち《地球環境への貢献》ということです。その新たな手段が「日本型総合エネルギー事業」の推進とその「システム化」です。

その前哨戦が、具体的に始まって居ます。

●「第１図」は、平成27年（２０１５）６月７日の日本経済新聞が取り挙げた、「電力会社

の異業種間事業の提携状況」を描いたものです。すでにこういうことが、平成32年（2020）の完全自由化を前提に、先取りして行われ始めております。正に私が述べる「日本型総合エネルギー事業」の嚆矢だと考えられます。

何故、そういうことになるのでしょうか。それは、次のようなことです。

国民の皆さんが、代表者の政治集団である国会議員を通じて選択された今回の改革改正法は、地球環境問題の解決を前提に、すべからくすでに容認してしまった厖大な９千万ＫＷにも及ぶ太陽光発電などの再生可能エネルギーと、再稼働などを前提にした約５千万ＫＷの原子力発電を主要な軸としたものです。さらに、近い将来水素エネルギーがこれに加わるでしょう。このため、化石燃料の利用は必然的に激減して行くことを覚悟せざるを得ません。或いは、無くなると言ったほうが良いかも知れません。

しかも、一言で「日本型総合エネルギー事業ないし産業」といっても、誰がその主体になるかは大きな課題です。また、今回の改正法は、電力・ガス市場の完全自由化を飽くまで前提にしております。それによって、ダイナミックな市場活動が生まれ、経済の成長戦略にプラスになる事業活動を期待しています。

しかし一方ではグローバル化と、ＩｏＴの時代とまで言われるＩＣＴを積極活用せざるを得ない産業活動は、デジタル技術のイノベーションを軸とした省エネルギーの推進などによって、猛烈に益々電力・ガス等エネルギーの利用を、低減させて行くことは必至であります。その傾向は、すでに10年前から明確です。したがって、完全自由化により年間10兆円の電力（Ｋｗｈ）および３兆円のガスその他ＬＰＧなどを含め、合計約15兆円の市場で、如何にすればその低減傾向に歯止めを掛けられるかが、大きな課題です。

すでに「**第1図**」に示したのもその一例ですが、上述の改正法律が成立した直後の新聞にも、「電気は選べる時代になったが、その電気を使った『異業種間の競争がカギ』」（日本経済新聞6月18日）という意見が出て居ました。しかし同時に、「電気料金がどれだけ引き下げられるか」という記事は、余り見かけません。しかも、実施は「５年後の平成32年（２０２０）からというのです。

こうして見ると、矢張り本当に大丈夫だろうか？　ということを、内々思って居る人たちが可なりいらっしゃると言うことです。

従って政府は、それらをあくまで民間企業の知恵と熱意で、益々電気漬けのシステムを活用して、逆に電力市場をもう一度何とか拡大していくようにして貰おうと思って居るわけです。

でもこれは、言葉は簡単ですが容易ではありません。

どうすればよいのか？　迷うところです。しかし、仕掛けは簡単です。それは、今まで事故を起したから悪者だと言って、殆ど政策創りの場面から遠避けてきた「電力のプロ」を使うことです。それは、電力（Ｋｗｈ）という商品が、見えない、匂いも無い、扱うと危険な特殊な商品だからです。つい最近、静岡県西伊豆町で七人が感電し二人が死亡するという事件が在りました。動物よけの電気柵を作った人が、無断で百ボルトの電力を四百四十ボルトにする昇圧器を取り付け、それを切るのを忘れていたというのです。大変危険かつ違法なことです。そういうことが絶対に起きないようにしなければなりません。

電力（Ｋｗｈ）という特殊商品を戦後だけでも70年間に亘って、その技術技能とフィードバック・ループシステムを構築して来た電力のプロの技を生かすことが、必要であります。この考えと非対称的な法的分解を考えている今回法制度と、どのように整合性を取っていくかも今後の大きな課題です。

また、太陽光など高コストの不安定電源を大量に受け入れることを容認している状況下では、一方では低コストの安定的電源である原子力発電を、少なくとも安定的なベース電源として、相当程度導入していく必要が在ります。

しかも、グローバル化の下でＩＣＴを活用する戦略は、あらゆるシステムがデジタル技術によって標準化されていく過程でも在り、結局のところ有効なコンテンツ（ナンバワンの商品）の開発によって、規模の経済を如何に早く組み立てるかが、戦略的課題であります。別の言葉でいえば、インターネットのもとに始ったグローバルな世の中を、私たちはもはや変えることは出来ないということです。国境の無いインターネットを活用する資本主義の引力との戦いがこれから永遠に続くことになったのです。このセオリーが間違いなければ、私は石油やガス事業や運輸事業なども巻き込んで、現在10社にも分立している電力会社を、将来は少なくとも半分程度すなわち４社ぐらいに統合行くことが、完全自由化の中で必然的に求められてくると思います。

特に、今やわが国の石油産業は、単独では成り立たなくなりつつ在り、彼らも電力を事業の中心に据えざるを得なくなっていることを考えれば、このような規模の経済を追及していくなかで、発送電分離の必要性はむしろ意味が無くなっていくと思われます。

以上のように、今後のわが国の国民に取ってのライフラインであるエネルギーの選択においては、逆にエネルギー総合事業として電力システムを組み立てて行くことにこそ、重要なポイントだと思うのです。

またこうした新たな戦略的組み立てを、わが国が国家として成し遂げるためには、当然のことながら、原子力推進に当たって大きな障害である放射性物質への国民の忌避的感情を、国家の基本政策をつくると政府の役目として、早々にそれを解消していく努力が必要です。さらに、今後国民が容認してしまった、大量の例えば太陽光発電の受け入れ負担の実態について、それが如何にして生まれたかなどを、是非とも承知しておく必要があります。

それらについても、国民の皆さんがご承知の上で、私の提言をお聞きいただければ、ご理解が一層深まるのではないかと思います。

〔備考〕文中に、「●印ゴシック」で表示したところがあります。書いて在ることの趣旨が、概ね要約してあるような箇所です。世の中は時間の勝負でもあります。もしも、お急ぎの方は、先ず各章の冒頭に枠で囲った「この章の要旨」という部分と「●印ゴシック」だけをお読みいただき、あとは飛ばしてください。もちろん後で振り返って読んでいただければと思います。

第1図　電力会社の異業種間提携状況

異業種との提携で先行する東電に対抗

	関電	東電
通信と…	KDDIと優先交渉	ソフトバンクと優先交渉
ガスと…	東京ガスと燃料調達などで交渉	TOKAIホールディングス、日本瓦斯と提携へ
その他と…	グループの警備保障会社などと検討	「Ponta（ポンタ）」「Tポイント」と提携

電気のセット販売　各社、商品開発急ぐ

きょうのことば

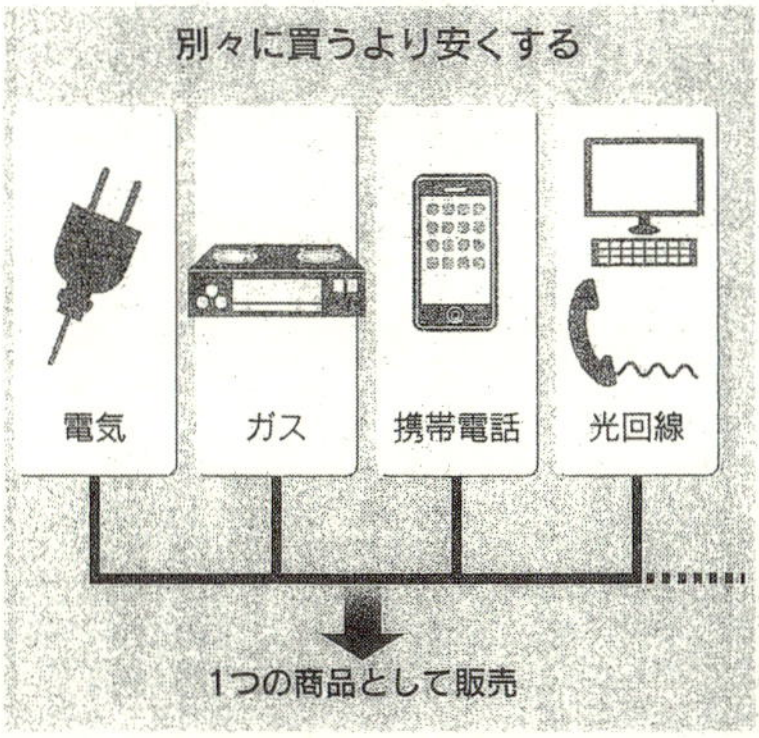

▽…電気と、ガスや携帯電話などを1つの商品にして販売すること。2016年4月に電力小売りの全面自由化が始まる。東京電力や関西電力など大手電力10社が独占して電気を販売してきた状況が大きく様変わりし、誰でも、どこの家庭にも電気を売れるようになる。

▽…電力会社は長い間、地域独占が続き競争原理が働かなかったため、家庭との接点は小さかった。自由化になればほかの電力会社に契約を切り替える動きが活発になる可能性がある。特に電力会社にとって携帯電話とのセット販売はメリットが大きいとされ、携帯電話の販売店を使って電気を売れるようになる。顧客とじかに接する機会を得られるほか、契約者の属性を把握しやすい利点がある。家庭の事情にあった料金メニューも提供できるようになる。

▽…東電は他電力に先駆けてこうした提携交渉を進めている。東電域外ではソフトバンクと優先交渉に入っているほか、域内ではNTTドコモ、KDDIを含めた3社との提携を検討中だ。関電も域内ではシェア維持を優先して同じように3社と提携する方針だ。

（資料）2015年6月7日日本経済新聞

第2章　無資源国を意識したわが国の制度改革の変遷

この章の要旨

私たち人間は、残念ながら人生は一度しか経験出来ません。したがって、誰もが学ぶことが出来るのは、過去の歴史であり先人の残した業績を新たな時代にどのように活用出来るかを工夫すると言うことが大切に成って来ます。技術的なイノベーションも、革新的なマネジメントもそうした過去の実績を踏まえて生み出した創意と工夫の産物です。ピラミッド型に広がる組織のトップから下々まで、その繰り返しが行なわれております。

この国をリードして来たトップリーダーたちも、正に同じような経験を積んできたものと思います。特に、国家のリーダーは国民を守り、且つ国家が一層発展するためのインセンティブを如何に上手に打ち出し、組織全体を鼓舞して行くかに全力を傾注することでしょう。

その場合、彼らは常に自分がトップリーダーとして戦術戦略を判断するための、重要な前提条件がありました。言うまでも無く、自分が守るべき国土と国民が生起する自然条件すなわち「地勢」と、もう一つは

「地政」です。

特にわが国の「地勢」は、近代国家に成るまでは、《災害列島》という大きな負荷は在りましたが、緑と水と四季に恵まれた豊かな食料資源という諸条件は、災害列島という負荷を克服すれば、人々が生活していくために十分なものでした。「地政」も四海に囲まれ守りを固めるのに、宗教的規律が整えば十分だったといえます。

だが、明治以降の近代国家に成長してからのリーダーたちは常に、資源の乏しいこの国の活路を維持発展させるのに、「資源・エネルギー源」を求めて、戦略的に「地政」をどう発揮するかに腐心して来たことが判ります。

21世紀は、以下述べるように、幾つかの節目の段階を経て、①地球環境 ②医療 ③宇宙という３つを軸に、「地勢」と「地政」とを納めなければならない時期に来ているように思われます。

もちろん、本書では「地球環境」に焦点を当て、述べていくことになります。

◇歴史に学びながら現代を検証することの重要性
――電力を取り入れた日本のリーダーたちの知恵

①第1期〝電力〟の目標は「国家発展繁栄の象徴」

この章の「トビラ」のところで述べましたように、近代国家日本が誕生してからの、この国のリーダーたちが最も腐心して来たのが、資源エネルギーの確保で在ったと言えます。要するに、無資源国だという事を念頭に、リーダーとしての務めを果たす必要が在ったということです。

僅か地球の陸地面積の3％にも満たない37万平方キロメートルの細長い列島に、明治維新の折り、約3千万人の同胞を養う資源エネルギーが十分でなかったのです。

だが、そうした地勢的なハンデーを克服するために、知恵を絞る中で発見したのが、「エレクトリック」すなわち「電力」の重要性でした。

アメリカでエジソンが電力会社を創った時から、僅か5年後の明治15年（1882）、渋沢栄一が東京電燈株式会社を造り、麹町一帯に白色電燈を供給し始めたのが、嚆矢です。

電力は「文明の光」という宣伝文句でしたが、正に日本が西洋文明に伍して発展することが出来たのは、「電力」のおかげだったとさえ考えられます。

西洋列強を模倣し、植民地獲得に動き出せたのも、基はと言えば「電力」を活用して繊維製品や工業品、さらに鉱山の開発、そして武器弾薬等への利用が、出来たということであります。

●東洋の多くの国に比し、唯一近代国家としてわが国が発展出来たのは、電力のおかげであり、その目的を一言でいえば「国家発展の象徴」ということだったと言っても過言ではないでしょう。

②第2期目電力の目標
戦後のジャパン・アズナンバーワンの成長は、電化率拡大に象徴される
——電力会社を手本に、国営企業を民営化

今から30年前の昭和50年代（1980年頃）のわが国は、エズラ・ボーゲルによって「ジャパン・アズナンバーワン」と言われた位に、驚異的な発展をしておりました。その頃のわが国は既に「電化率（総エネルギー利用に占める電力としての利用割合）」が、25％に達しておりました。欧米でさえ未だ、20％に達していませんでした。

先ほど述べた今から130年以上前の明治15年、わが国で初めて電力会社を渋沢栄一が造ったと言いましたが、それは当然「私企業」すなわち民営です。このため、戦前の電力会社は殆どが民営でした。競争しながら、もちろん資本主義の欠陥である「寡占化」を繰り返しながらも、効率よく運営されていました。ストップしたのは、後ほど述べますが非効率な、軍部による戦時中の国営会社に成った「国家管理」の時代です。

●しかも、戦後9つの地域別に発送電系統一貫の電力会社に、再編成されましたが、これが地域別に電力を安定的かつ低廉に供給出来た原因であると言われてきました。こうした仕組みは、組織社会のわが国の体質に最も良く合致していたと言えます。単に地域振興を下支えしただけでは無く、例えば昭和40年代の田中角栄内閣による「列島改造計画」や、その後の高度成長を実現した「全国総合国土計画（5全総まで行われた）」などの、電力の投資は、ケインズのいう有効な公共投資を引っ張る役割でもありました。

わが国の電化率が、最近27%にも達しているのは、こうした政府の政策を反映した結果であります。

こうして、戦後いち早く昭和26年6月に民営化した電力会社は、正に私企業のメリットを発揮しグローバルに資金を集めて、効率的かつ近代的な経営を展開していると評価されました。このため、昭和40年代から逐次始まった、わが国の国営ないし公営事業の「民営化に当たっての目標ないし鏡は電気事業」という、折り紙が付けられました。

●「第2図」「わが国の国営事業の民営化状況一覧」に見る通り、「三公社五現業」と言われたように国が直接管理運営していた事業が、電力会社をモデルに見立て、順次私企業化して行ったわけです。

そういう意味でも、この第2期の電力の役割は、とても大きかったという歴史的な評価が与えられると言えるのではないでしょうか。

③第3期目電力の課題は、何でしょうか。それは、「地球環境の汚染を防ぐこと」に、何としてもわが国が貢献していかなければならない、という道筋が敷かれたことです。

それは、今から5年前すなわち平成22年（２０１０）に誕生した民主党政権が、鳩山由紀夫首相をして、国連での演説で「わが国は、地球環境問題に積極的に貢献するため、ＣＯ２の排出削減に懸命に務める。目標としては、２０１５年には１９９０年比25％の削減を行うことを表明する」と、述べて世界中の注目を集めました。

当時は、エネルギー資源の無いこの国の首相の大胆すぎる発言に、大きな非難が在ったことは確かであり、私もその一人でした。もちろん、今でも大変なことを言ってくれたという思いは変わりません。

しかし、彼がその時述べたのは、25％削減の手段として「原子力発電の大量投入」ということでした。「２０３０年までに、新たに10基1千３００万ＫＷ開発し、現在54基６０００万ＫＷと併せ、合計７千万ＫＷ以上の、ＣＯ２ゼロの電源を構築する」と述べました。同時に、太陽光や風力などの自然エネルギーも出来る限り、将来は導入していきたいとしておりました。

●このように、わが国のリーダーは、21世紀という新たな時代、それはグローバルにＩＣＴによって、情報通信が世の中を席巻する時代ですが、ベースとなる「この掛け替えのない地球」を環境汚染から守ることを率先して行う使命を日本人は発揮すること。それが、すなわちあらゆる世界の国々に認めて貫い、生き残るための唯一の手段だと考えたことだと、解釈しなければならないと思います。

第2図　わが国の国営事業の民営化状況一覧

(注) ※戦前「三公社五現業」といわれる「公益的事業」は、全て国が直接運営ないし公社を作り事業経営をしておりました。
※電力事業も昭和14年私企業の会社を全て国が統合して、日本発送電㈱を作り、国が運営していました。
※戦後「電力事業」だけは、完全私企業（9電力体制）となりました（昭和26年）が、上記「三公社五現業」は、下表の通り最後に民営化した日本郵便株式会社の設立（2005年10月）まで、戦後60年間掛かっています。

○「三公社」

◇〔戦前〕大蔵省外局〈専売局〉
➡〔戦後〕1949年6月「日本専売公社」➡1985年4月「日本たばこ産業株式会社」

◇〔戦前〕運輸省〈鉄道総局〉
➡〔戦後〕1949年6月「日本国有鉄道」➡1998年10月「JR8社に分割民営化」

◇〔戦前〕逓信省〈通信院〉
➡〔戦後〕1952年8月「日本電信電話公社」➡1987年「4社に分割民営化」

○「五現業」

◇〔戦前〕国営郵便事業➡〔戦後〕「日本郵政公社」➡2005年～2007年「郵政三社に分割民営化」

◇〔戦前〕国有林業➡〔戦後〕国有林野事業の企業的運営廃止

◇〔戦前〕国営アルコール専売➡〔戦後〕民営化して国営廃止

◇〔戦前〕国営造幣➡〔戦後〕独立行政法人「造幣局」

◇〔戦前〕国営印刷➡〔戦後〕民営化して国営廃止

(資料) 各種データなどを整理して作成

第3章　国民が使うエネルギー、特に電力（Ｋｗｈ）の実態

この章の要旨

今の世の中は、バーチャルな仮想空間がどんどん広がっております。そういう時代ですから仕方が在りません。しかし、不思議なことが起きています。

それは、改正法の対象である「電力という商品」は、消費量が益々減っているのに、懸命にベンチャー企業を含め新規参入を呼び掛けているからです。売り上げが減っているのに参入者が増えれば競争が激しくなるだけです。

これは、仮想空間を創造しているようなものです。その仮想空間が猛烈な市場競争を始めますが、結局は力の強い者が勝ち残って、彼らが電力市場を独占するでしょう。「独占を砕く」はずが、新たな独占者に電力市場を奪われてしまうだけです。

だが、電力という商品は、仮想ではありません。姿やかたちは見えませんが、実物なのです。その実物は、増えないのです。むしろ、販売量が減り続けているのです。

すなわち電力〈Ｋｗｈ〉という商品の売れ行きが、これから先、決して増えるわけがないのに、どうして増えるというような、間違った〈仮想〉の宣伝をするのでしょうか。

●逆に今や、日本の電気料金は韓国や米国はじめ海外諸国より、２～３倍も高くなっていますが、地球温暖化対策のためにはもちろん、販売電力量（Ｋｗｈ）が増えないからこそ、燃料コストがＫｗｈ当たり１円（買い取り価格がＫｗｈ当たり40円もする太陽光発電の40分の１）の原子力発電を、是非とも直ぐに利用出来るようにする政策の実行こそ必要です。

第1節　売り上げ減少が目に見えている単一商品の「電力」
――そこに、参入者を増やすという〈仮想〉

平成27年度（2015）の定例国会が3月12日に開催されましたが、その冒頭、安倍首相の衆参両議院での施政方針演説がありました。

その中で、特に電力システムについて、次のような強気の発言をしております。

「電力システムを、既定方針どおりに改革しダイナミックに市場を開放します。新電力の皆さん方の参入で、事業を多角化し雇用を増やし成長戦略に結び付けます」

また、4月16日に発送電分離の法案を国会に提出した際にも、「電力の強固な縦割り岩盤規制を解体し、電力市場の基礎インフラである送配電ネットワークを、発電、小売りから分離し、誰でも電力市場に自由に参入できるようにします」と、一層トーンを上げて、電力システム改革の意義を強調されました。

とても響きの良い発言です。その通りなら、文句はありません。

しかし、安倍さんのこのような発言は、本当かな？　ちょっと、おかしいなと思われた方も多いと思います。

●今考えると、これは首相の本意では無かったかも知れません。しかしながら、前政権の首相がすでに述べたように、国連の場で「地球環境問題への積極協力」を約束し、且つ後ほど詳しく述べるように、「高価なエネルギー源ではあるが、CO2を出さない地球に優しい電力資源」として、大量の導入を約束してしまった太陽光発電をはじめとする「再生可能エネルギー」を、消化していかなければならないというジレンマを、何としても乗り越えるという決意の表明だったと、受け取るしかないように考えます。

それにしても、私には少なくとも3つの大きな疑問が在ります。

一つは、電力（Kwh）という単一商品の消費量あるいは販売量（需要）が減っていることです。

二つ目は、この電力（Kwh）という単一商品は、生産（発電）と同時に使う（消費する）必要が在ります。だから、消費（販売）予測をきちんとしないで、どうして無計画にどんどん太陽光発電などを、勝手に作らせたりするのでしょうか。

三つ目は、現在の電力の生産販売のシステムを変えなければならない程の理由が、不透明です。不透明で、かつとてもリスクの多い危険な賭けをしています。

◇第１点の疑問点　電力の消費がどんどん減っているのに何故？

先ず、第一は電力の消費量（販売量）が減っている点です。

この原稿を書き始めた４月14日の新聞は各紙が「電力の需要が、２０１４年度は全電力会社で前年度割れ」というニュースを、ネットや新聞が大きく報じました。

前の年２０１３年度の９２２４億Ｋｗｈから３・１％も減って、８９３８億Ｋｗｈになったというのです。

もちろん、日本国民が使う電力量の全体はこのように膨大です。私たちは、朝起きた時から一日中電力のお世話になっているからです。テレビ、ラジオ、冷蔵庫、水道、お風呂、洗濯、掃除、エレベーター、部屋のセキュリテイ、携帯電話の充電等、今や日本国民全員が電力漬けになっています。

ですから、電力（Ｋｗｈ）の使用量が減っていると言うより、もうこれ以上は「増えない」と言った方が、むしろ正確かも知れません。

「第３図」　電力という商品の７つの特色をご覧になればお分かりの通り、全くこの品物は普通の商品とはとても似つかない特殊な商品なのです。

第3図　電力(Kwh)という商品の7つの特色

◇電力(Kwh)という商品は、7つの特色有り

➡①世の中に唯一つしか無い「単一商品」
②瞬時取引(生産・消費が秒速50万　km)
③加工が出来ず「代替物無し」
④同質同量で連続使用出来なければ商品にならず
⑤備蓄(在庫)不可能
⑥無色透明、触れると危険
⑦商品価値は、時間(アワー)➡Kwh

〖一般商品に無い **物理的に製造システムが決まった商品**〗

後ほど詳しく述べますが、こうした七つの特徴を持った《特殊商品》であることは、明治15年（1885）以来、電気事業を手掛けて来た私たちの先人である多くの技術者や経営者たち、すなわち「電力のプロ」が、半世紀以上掛かって数々の事業運営経験の中から、実証的に生み出したものです。

すなわち本来、素人でも簡単に製造販売出来るような、一般のものとは全く違って、素人には扱いにくい危険な商品なのです。二十二頁に、最近静岡県で起きた感電事故を紹介しておきましたが、使い方を間違えると、人の命が失われるのです。

同時に、今や日本人が朝から晩まで「電気漬け」になっているくらいですから、いわば空気や水と同様な、「生活必需品」です。「公益的商品」と言ったほうが、良いかも知れません。

その電力（Ｋｈｈ）の消費量が、段々に満杯になっているのです。今のままではもう、日本ではこれ以上増えないのです。

理由は、あとで詳しく述べますが、要するに人口の減少と省エネルギーや工場の海外移転の影響です。それに、電気料金が３割も上昇したため、国民の皆さんが出来るだけ冷暖房を減らし節電したからです。

発電コストの最も安い原子力発電が、なにしろゼロになり、逆に超高いコストの太陽光や、ＣＯ２を発生する火力発電などからの電力生産が増えたのが響いて居ます。

※もちろん、日本人が「電気漬け」になっているくらいですから、発電コストが最も安くて安定的な原子力発電が、無くなっては絶対に困ります。増えない電力（Ｋｗｈ）を、早く安定かつ発電単価の低いもの⇒それは原子量発電しか無いはずです。それに、変えていくと言う努力こそ、今の大人たちが子供のためにしなくてはならないことです。

しかし、その努力が行い難い状態が続いています。もちろん、集団主義の日本人には、なかなか「放射能は怖い」という先入観から逃れられないのです。

そこでその怖い原子力発電を諦めて、再生可能エネルギーを積極導入しようとしました。

２０１１年8月に「再生可能エネルギー特別法」が創られ、積極導入が始まりました。その結果、２０１４年10月までの「3年間無制限容認期限」が切れるまでに駆け込んだ、太陽光発電をはじめとする再生可能エネルギーによる電力は、すでに9千万ＫＷにも及びます。日本国民全体が必要とする電力設備の全体量が一億二千万ＫＷですから、電力生産設備の量だけで見るとその七割にも当るものを、政府が認めてしまっているということです。発電したら瞬時に使う（消費）するしかない発電設備の認可を、全く計画想定もしないで政府（エネ庁）は容認してしまったのでしょうか。全く無責任な話です。

しかも、その9千万ＫＷのうち太陽光発電が8割の7千万ＫＷですが、3年間の加重平均単価はＫｗｈ当たり33円です。このうち稼働しているのは、未だ3割の2千万ＫＷに過ぎません。それでも既に、一般家庭の電気料金に付加して約5％（毎月1万円を電気料金として支払っている家庭であれば、５００円）が加算されています。それが、公的機関の推計では、来年は10％になるだろうと推定しています。５００円の付加金が、毎月1千円になるということです。その理由は簡単です。すでに認可を受けている例えば、太陽光発電の未稼働の事業者が5千万ＫＷも居るわけですから、その人たちが新たに発電事業に参加してくるわけです。家庭も大変ですが、企業はもっと大変です。従業員が１００人未満の会社でも、電

第4図(1)　電力(Kwh)の使われ方の例示⇔電化率

(注)○は他のエネルギー源　□は電力ロス
●が電力Kwh　△▲は○●の半分等の表示

※「電化率」とは、国民が使うエネルギー源のうち電力（Kwh）で使っている割合のことです。
※「電力ロス」とは、電力を生産（発電）し消費（販売）する間に空気中に電力のエネルギーが逃げてしまう大きさ〈全体の約1割。〉
※「先発新興国」とは、シンガポール、マレーシアなど。
「後発新興国」とは、ベトナム、カンボディア、ミャンマーなど。

○○○○○○□●●●→	**約3割**	**現在日本国民の電化率**
○○○○○○○○△□▲→	約7%	70年前（終戦直後）の日本
○○○○○○○□●●→	約2割	現在欧米諸国の平均的電化率
○○○○○○○○□●→	約1割	先発新興国の平均的電化率
○○○○○○○○△□▲→	5～7%	後発新興国の平均電化率

気料金の付加金支払いが何十万円も増えるからです。

問題は、この付加金増加の原因となっている太陽光発電の事業者は、自由競争によって市場に参入して来るのではなく、固定価格をしかも20年間に亘って、電力会社が買い取って呉れることを政府から容認して貰っている人たちです。もちろん、総べては「地球温暖化対策に貢献する為」という、強い保証を受けているからです。そうした電力（Kwh）がどんどん増えて来るからです。

「そんなバカなことが」と思われるでしょう。だが、それこそ国民が選んだ立法府に当たる国会議員が、しかも全会一致で賛成して、今から4年前の2011年8月26日に、成立した法律によるものです。だから、仕方ありません。

もちろん、当時の民主党の菅直人首相は、この法律が通過した直後、それを条件に辞任しております。

この「**第4図（1）**」のように、日本人は先進国の中でも殆ど唯一といってよいぐらい、電力を沢山使っております。モノは考えようですが、実質的には私たち日本人は世界一〝文明度〟が高いということではないでしょうか。

しかも、その上での話ですが、先ほど述べたような省エネルギー活動や人口の減少などで、電力（Ｋｗｈ）の消費量（販売量）はこれ以上増えず、むしろ徐々に減っていくと言うことです。

このように、特殊商品の電力（Ｋｗｈ）の消費すなわち販売量が減っているのに、安倍首相は何故、発送電分離までして発電事業者などを増やそうと言われるのでしょうか？

その理由は、上述のように既参入者予備軍が大量に出てきてしまうので、不公平にならないように、「平等に送電線に受け入れるためには、電力会社の私有物から送電線を切り離し、公的機関を設けて監視させ運営しなければならない」「そのためには、どうしても発送電分離が要る」という理屈です。

私は、既に今年4月「広域運営機関」が出来て、そこからの指示で実質的に「強制引き取りをした太陽光発電からの電力（Ｋｗｈ）は、優先的にそれぞれの電力会社が融通し合って引き取りに応じており、発送電分離をしなくても、十分行える」と、異論を述べて来ました。

しかし、今回の法律は、修正条項なしに「法的分離」が定められました。

それをどう今後調整していくは、後述に譲ります。

※実数で見る電力の減少傾向

序にこの電力（Ｋｗｈ）の減少傾向について、もう少し詳しく述べておきます。

すなわち、すでに電力（Ｋｗｈ）という商品の減少傾向は、８年も前から本格的に始まっているのです。

すなわちこの8年間、日本では電力（Ｋｗｈ）の販売量が、全く増えて居ません。

第４図の２「最近のわが国の総発電量と総電力販売量の推移」に、それを示して置きました。

また序に**第４図の３に「50年間のわが国および九州の電灯電力需要の推移」**を示しておきました。（九州を取り上げたのは、偶々私が住んでいる場所だからです。特にそれ以外の意味が在るわけではありません）

このように日本全体の状況を歴史的にみて見ますと、50年前すなわち半世紀前の昭和40年（１９６５）に１６８８億Ｋｗｈだった電力の消費量が、42年後の平成19年（２００７）に

第4図(2)　わが国の総電力発電量と総電力販売量の推移

年次	2003 <H15>	2004 <H16>	2005 <H17>	2006 <H18>	2007 <H19>	2008 <H20>	2009 <H21>	2010 <H21>	2011 <H22>	2012 <H23>	2013 <H24>
総電力発電量(A)	10,940	11,373	11,580	11,611	11,930	11,463	11,126	11,569	11,078	10,940	10,907
(内自家発分)	(1,738)	(1,906)	(1,888)	(1,882)	(1,882)	(1,884)	(1,872)	(2,386)	(2,504)	(2,720)	(2,668)
総電力販売量(B)	9,848	10,194	10,406	10,483	10,775	10,355	10,028	10,564	10,024	9,916	9,926
(内自家発分)	(1,265)	(1,273)	(1,223)	(1,212)	(1,178)	(1,100)	(1,062)	(1,254)	(1,187)	(1,163)	(1,166)
(A)-(B)送配電ロス(ロス率)%	1,092 (10.0)	1,179 (10.4)	1,174 (10.3)	1,128 (9.7)	1,155 (9.7)	1,108 (9.7)	1,098 (9.9)	1,005 (8.7)	1,054 (9.5)	1,024 (9.4)	981 (9.0)

(資料)出所：電気事業便覧(単位：億kwh)
(注)電力発電と販売の場所が近いほどロス率は、少なくなる。(地産地消が基本)
［コメント］この表に見る通り、成熟化したわが国では電力kwhは、発電も消費(販売)も徐々に減少傾向である。なお、ロス率の数字が、第10図(1)(2)の現在状況より大きくなっているのは、電力会社以外の自家発分等がすべて含まれていることによるもの。

第4図(3)　50年間のわが国および九州の電灯電力需要の推移

［百万kWh、％］

	全国①		九州電力②	
年度	需要電力量	対前年伸び率	需要電力量	対前年伸び率
1965	168,821	6.8	11,878	4.6
1970	319,701	14.2	18,788	9.9
1973	421,768	9.7	26,404	15.8
1975	428,335	3.0	28,566	6.1
1976	459,467	7.3	31,515	10.3
1977	478,752	4.2	34,169	8.4
1978	504,255	5.3	35,872	5.0
1979	529,070	4.9	38,203	6.5
1980	520,251	▲ 1.7	37,923	▲ 0.7
1981	522,662	0.5	39,220	3.4
1982	521,731	▲ 0.2	39,665	1.1
1983	553,052	6.0	41,962	5.8
1984	580,750	5.0	43,388	3.4
1985	599,306	3.2	44,607	2.8
1986	601,808	0.4	43,817	▲ 1.8
1987	638,128	6.0	45,734	4.4
1988	672,317	5.4	48,445	5.9
1989	713,918	6.2	51,013	5.3
1990	765,602	7.2	55,794	9.4
1991	789,888	3.2	57,272	2.6
1992	797,752	1.0	58,693	2.5
1993	804,695	0.9	59,553	1.5
1994	858,817	6.7	64,322	8.0
1995	881,559	2.6	66,675	3.7
1996	903,471	2.5	68,993	3.5
1997	926,705	2.6	69,896	1.3
1998	934,661	0.9	72,025	3.0
1999	957,370	2.4	73,064	1.4
2000	982,066	2.6	75,251	3.0
2001	967,655	▲ 1.5	75,327	0.1
2002	989,692	2.3	76,636	1.7
2003	984,768	▲ 0.5	77,268	0.8
2004	1,019,386	3.5	80,199	3.8
2005	1,043,800	2.4	82,956	3.4
2006	1,048,308	0.4	84,399	1.7
2007	1,077,492	2.8	88,082	4.4
2008	1,035,532	▲ 3.9	85,883	▲ 2.5
2009	1,002,822	▲ 3.2	83,392	▲ 2.9
2010	1,056,441	5.3	87,474	4.9
2011	1,002,445	▲ 5.1	85,352	▲ 2.4
2012	991,612	▲ 1.1	83,787	▲ 1.8
2013	992,627	0.1	84,450	0.8

（出所）①需要電力量（全国）：一般財団法人省エネルギーセンター「エネルギー・経済統計要覧2015」
：一般電気事業者販売電力量＋新電力販売電力量＋自家発自家消費
②需要電力量（九州電力）：九州電力の販売電力量実績

ピークの1兆775億Kwhとなりました。電力消費が、6・4倍にも増えたことが判ります。

ところがご覧の通り、その後は毎年電力の消費量は徐々に減り始めております。現在すでに、8千億Kwhを維持するのさえ難しい状況です。

もちろん、減っていると言っても、先ほど述べたように《電化率3割》の日本国民全体の消費量（電力販売量）は、膨大な量です。

何が問題なのでしょうか？

●それは、「消費量が減って居るなら、もはや原子力発電は要らないのではないか」などと考えるのは早計です。

後ほど詳しく述べますが、今回の電気事業法改正で電力自由化が２０２０年から、完全に実施されるという前提で、既に政府が認可してしまった再生可能エネルギーからの電力（Ｋｗｈ）という商品は、太陽光だけでも約７千万Ｋｗも在ります。法律によって固定価格（２０１２～２０１４年の加重平均でＫｗｈ当たり33円）で、20年間消費者である国民が買わざるを得ません。

それを、出来るだけ抑えるには、Ｋｗｈ当たり８円という、低廉な原子力発電を出来るだ

け多く投入するしかないのです。

現在では間違いなく資源の無いわが国では、最も安くてベースロード電源と言われる原子力発電は、太陽光発電を増やす上でもどうしても必要なのです。

※電力（Ｋｗｈ）が減る理由

序に、何故電力が減るのか、それをもう少し詳しく述べておきましょう。

私は以下の通り、理由が５つほど在ると思っています。

１・成熟化

言うまでも無く、私たち日本人の生活レベルが成熟社会と言われるぐらいに高くなって、『もう、買うモノが無い』と言われる時代に突入しているからです。

買うモノや欲しいものが余り無いなら、電力も使わないでしょう。

もちろん、高齢化社会になれば、これからはＩｏＴと言われる時代ですから、特にＩＣＴを活用した自動化が、単に家庭内のロボットに代行してもらうだけでなく、移動時の自動運搬や、より便利な自動で回れる買い物の場所や遊びの広場などが、どんどん増えるでしょう。

それらは多分殆んど電力を使わなければならないと思います。よって、近い将来は多分わが国の電化率は、もっと高まると思われます。

だが、問題は電力の量的多寡を決めるのは、大量に消費する「企業・産業用」の利用です。これらが、一体どれだけ電力の消費を押し上げるかは、綿密な予測が必要でしょうが、大雑把に俯瞰してみてもそれほどの期待値は見出せません。寧ろ、除々減って行く（すぐ後に説明しますが）人口減に引きずられていくように思います。

2・人口減少

この4月17日偶々政府（総務省）が発表した、日本の人口は4年連続で減少していると述べていました。

それを踏まえて、18日の日本経済新聞は日本の人口が2008年のピーク1億2千8百万人から、4年間でちょうど100万人減ったと述べています。原因は言うまでもなく、生まれる赤ちゃんが僅かに102万人となり、亡くなった人よりも25万人も少なかったからです。

団塊の世代と言われる方々。その人たちは、今から68年ぐらい前に生まれた赤ちゃんですが、何と現在の五倍以上の500万人とか600万人も居たわけです。

では一体、今後どのようにわが国の人口は変化して行くのでしょうか。何も対策をせずに

第5図(1)　日本の人口構造比較

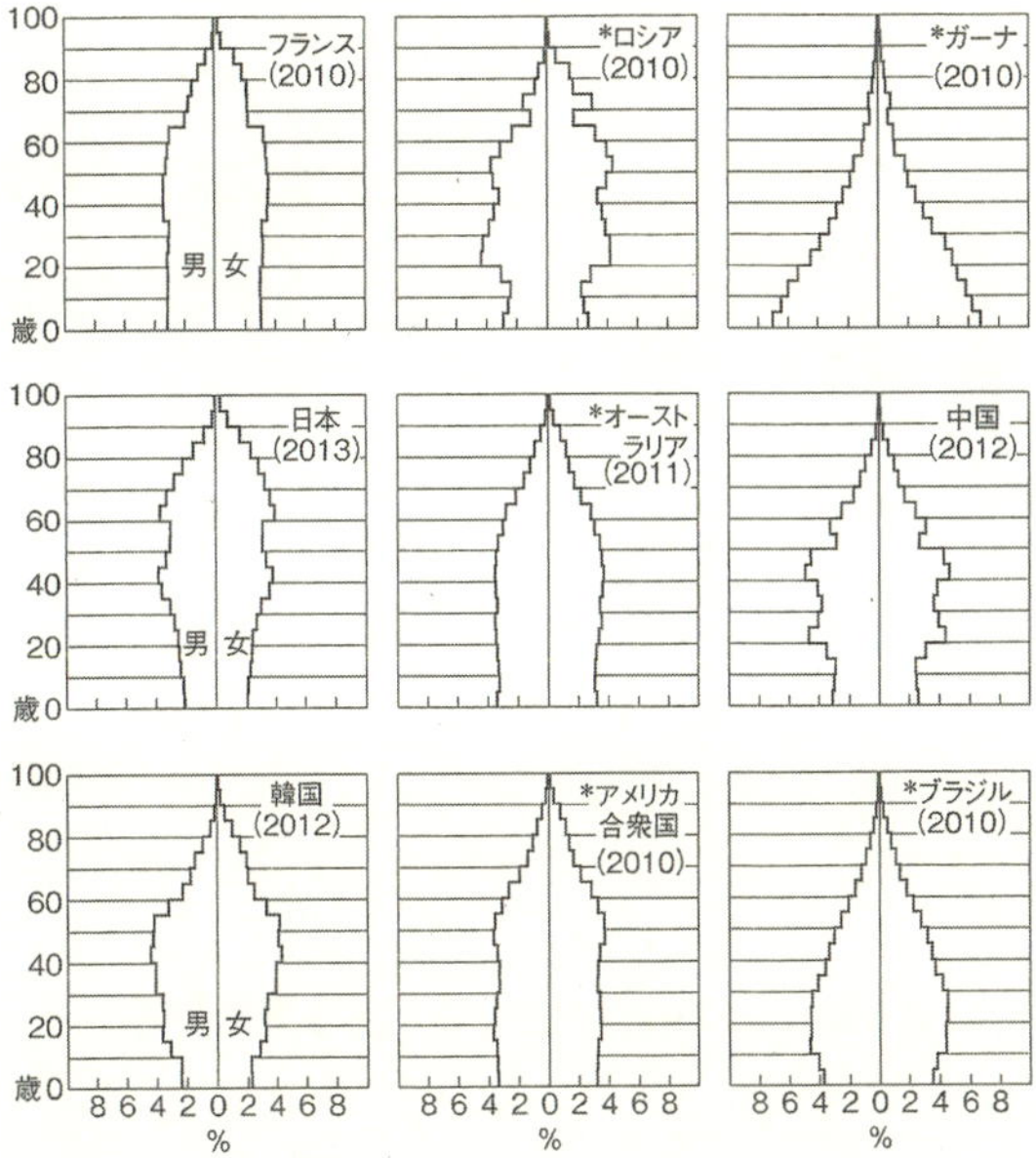

国連資料などによる。日本は人口推計による。5歳階級別人口構成図。ただし，95～100歳は95歳以上人口。*センサス。

ほうっておけば、当然、今までのあらゆる調査や予測通り、35年後の２０５０年には間違いなく、５千万人近くも減少して約８千万人に成ると言われています。

人口対策は急務ですが、これもまた「組織社会」の伝統を持つわが国では、戸籍とか所帯主と言うような要素が、重要視されるため欧米と違って、人口増加対策はなかなか進まないと思います。

次の「**第５図の１**」は諸外国と日本の人口構造を比較したものですが、わが国が最早明確に逆三角形型になっているのに対し、例え

第5図(2)　日本の人口増減状況

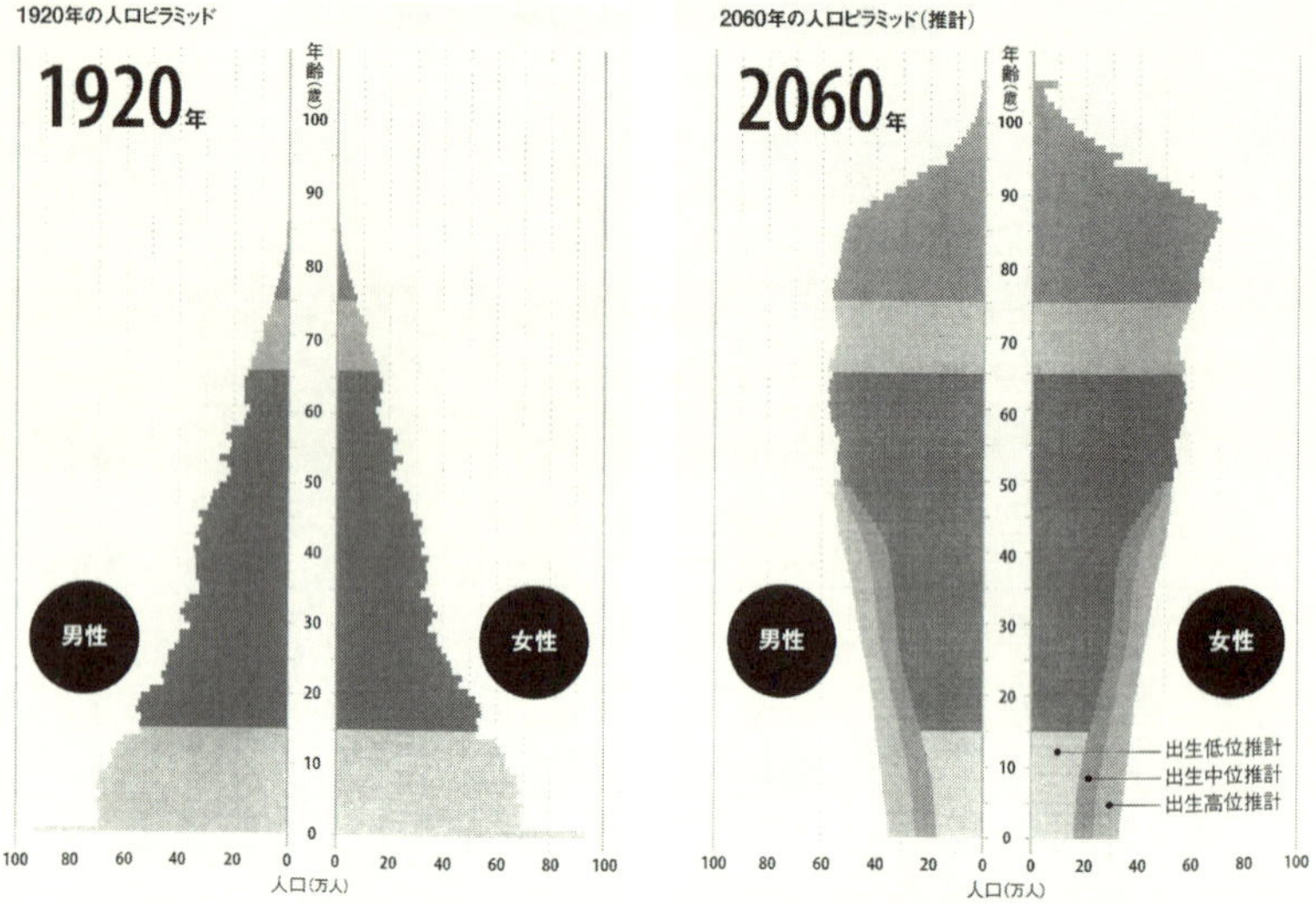

出所：1920〜2010年は国勢調査、推計人口2011年以降は「日本の将来推計人口(平成24年1月推計)」

第5図(3)　日本の出生率と出生数の推移

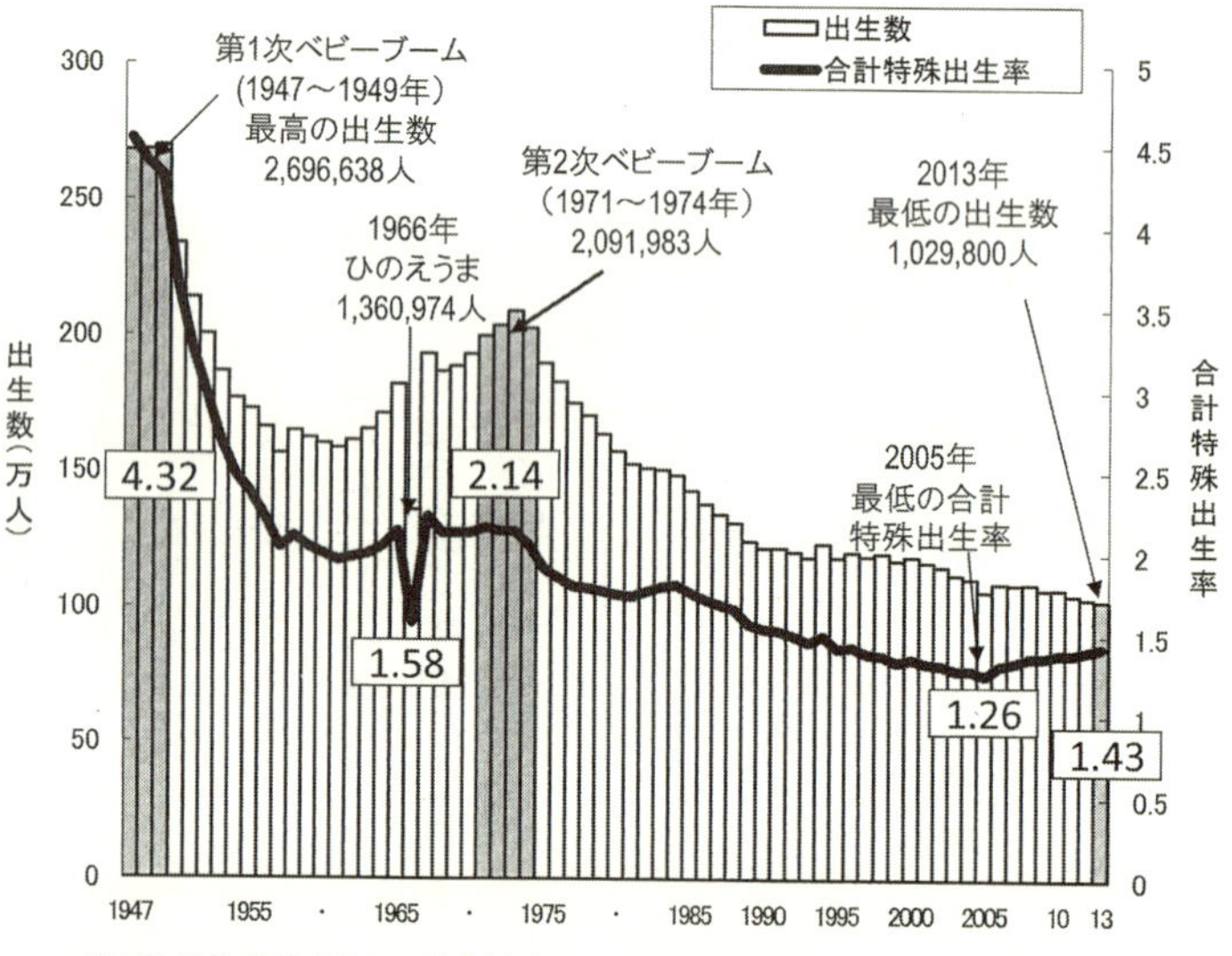

(出所)厚生労働省「人口動態統計」、総務省「人口推計」

ばフランス、アメリカ、オーストラリア、ブラジル（それにガーナはピラミッド型ですが）などは、現在40才台以下の年齢層が殆ど減少しない姿になっています。ロシアや中国も20才台ぐらいまでは安泰です。わが国と似ているのは、韓国です。

このように、電力の消費が増えない理由が、お分かり頂けたかと思います。

なお、**「第5図の2」**に示したのは、左図が日本と言う国が未だ「半開の国」だとヨーロッパ諸国から言われていた頃、すなわち約90年前のわが国の姿は、完全にピラミッド型の人口構造となっている状況を示したものです。

それが、この時から140年間をへた時には、右図のように逆構造になることを示しております。ただよく見て頂くとお分かりのように、2060年頃の男女の出生者数が、もちろん激減していますが、殆ど現在と違って同数になるという予測が立てられております。

さらに、わが国の人口（出生数）が戦後どのような変遷をたどって来たかが、一目で判るような図が在りましたので、ご参考までに**「第5図の3」**に示しておきました。

今から70年前の終戦直後毎年270万人生まれていた日本人が、今現在僅か100万人になっているわけです。

いずれにしても、相当の対策を施しても人口減少は、電力の消費量を減らす主因の一つであることは、間違いありません。

3・省エネルギー

公害問題の発生、それに地球環境問題特にCO_2を減らすため「京都議定書」を率先して作った日本国民は、懸命に省エネルギー運動を既に、過去40年間以上に亘って行って来ました。

技術革新、特にイノベーションを心掛けた産業界は、政府と共に省エネルギーすなわち電力（Ｋｗｈ）をなるべく減らす運動を行って来たのです。

省エネルギーの歴史はとても古く、その嚆矢は今から41年前の昭和48年10月に起きたオイルショックにより、石油が途絶えるかも知れないという事態が切っ掛けとなって、エネルギー資源の節約を政府が強く、国民に要請したことに始まります。

同時に初めて、「国のセキュリティ」という概念が強調され、石油の国家備蓄が始まったのもこの時です。省エネルギーは当然ながら、化石燃料などの節約につながりますので、地球環境の改善に大きな効果をもたらすことが強調されてきました。

但し、問題は省エネルギー投資が、国民の大きな費用負担を伴うことが挙げられます。また、政府の奨励で行われる「エコ減税や環境改善助成」は、結局、国の財政負担に大きく跳ねかえって来ます。

またわが国の省エネルギーを推進するために、海外諸国でその材料の開発や製造などを、どんどん行なっておりますので、わが国の省エネルギー活動が進むこと自体が、地球全体の環境汚染の原因になっているのは確かです。「きれいな地球を創ることにしよう」という、今回の法律改正の意味合いとは逆作用に成り兼ねません。

こうした相対的なレビューが、省エネルギー運動にはなされていないのが問題点ではないでしょうか。

起業家の皆さんも、物事の本質を是非考えて頂きたいと思います。

例えば、省エネルギーのために「ノーネクタイ」運動が、政府の指導で定着しました。すると、最近では「ノーネクタイ」を主題にした新たな服装が話題になってきています。「省エネ・ルック」です。だが、その材料づくりから卸や小売まで総体的に省エネ事業をきちんと精査して見ると、果たして本当に化石燃料を軽減することに繋がっているのか疑問です。

逆に、一度利用された精密機器を搭載した商品を再利用する、いわゆる「リユース」という事業が最近起きております。例えば、パソコンや携帯電話、さらにはインクジェットやトナーなどを修理し、新たに市場に提供するという産業です。これらは、正に地球環境の改善に大いに役立つものとして、奨励していくべきだと思います。

このように、省エネルギー運動も本来目的に合致しているかどうかを厳選し精査していく必要が在ります。

しかし、一般的にはわが国の電力需要が、伸び無くなった大きな原因が次です。

4・工場の海外移転

リーマンショックに象徴されるように、欧米が求めて来た市場機能を活用する、金融資産の危機が「ドル安円高基調」を引き起したことから、特に2000年以降わが国製造事業の中国や東南アジア諸国への、工場や事業所の海外移転が急速に進みました。このため、今まで企業誘致を行なって来たわが国の中で、失業問題や地方都市の人口減少が大きな課題となり、現在の政府の政策「地方創生」が生まれて来たという経緯が在ります。

当然電力を大量に消費する製造事業が、地方地域から消滅するわけですから、そのことが電力（Ｋｗｈ）の伸びに歯止めがかかることは明らかです。

ところが最近、為替レートが逆に動き出しました。この円安傾向は、わが国政府が遮二無二進める成長戦略のために、自ら演出した結果です。すなわち、財政金融のかじ取りを中央銀行の日銀と一緒になって、大量に資金を市場に提供する、ゼロ金利政策を強烈に打ち出したため、世界市場における「円」が垂れ流しになり、その価値が下落したことに拠るものです。

このため、製造事業の中には「国内回帰」を図るところも出て来たと言われます。当然かもしれません。しかし、わが国製造事業の海外移転は、基本的には変わらないと思われます。

それは、漸く近代化を達成し成長の足掛かりを得た新興国群は、幾つかのグループに分かれているものの、今までわが国をはじめ先進国が担当して来た多くの工業製品を、彼らが分担出来る水準に達し、そうした事業を懸命に推進することで、それぞれの国が特色を生かし、成長の大きな原動力にしようとしているからです。

先ずは、BRICSと言われる諸国（ブラジル、ロシア、インド、中国、南アフリカ）が先頭を切り、続いて東南アジア諸国などが徐々に台頭して来たと言われる時期がありました。しかし、最近ではアフリカや南アメリカなどよりも、東南アジアを中心とした、いわゆるアジア地域が、中国（11億人）、インド（9億人）と共に、インドネシア（2・5億人）をはじめ9か国（6億人）の巨大な市場として、注目を集め始めています。中国の台頭を意識し、アメリカが太平洋地域貿易自由圏を形成するTTPの推進に熱心なのも、理由はそこにあります。

　こうした状況を深く俯瞰すれば、最早やわが国が再度、製造事業の拠点に回帰するということは、部分的特殊事情が発生することはあっても、基本的にはあり得ないと考えます。やはり、電力需要のマイナス要因であることは、間違いないでしょう。

5・節電の国民的運動

　政府や地方自治体と産業界が一致して、「エネルギーの節約運動」を展開しております。CO2を減らし、かつ電気料金を抑えることにもなり、〈ノーネクタイ・省エネルック〉は、国民運動にも成って居ます。長い間の習慣で、今では薄暗い廊下が普通になっています。

　電力（Kwh）が、増えないのは当たり前です。

　話を戻しますが、このような理由で、要するに販売する商品が、前出の**「第4図の2」ない し「第4図の3」**の表のように日本経済の高度成長と共に、25年間1990年頃まで、毎年概ね5〜10％ずつ販売量が増え続け、その後も10数年2〜4％ずつ増えて来た電力（Kwh）の消費量（需要）ですが、遂に7年前から確実に増えなくなったのです。

※電力（Kwh）という商品は、唯一種類しか無い「単一商品」

その電力という商品ですが、国民の皆さんがご存知のように、世の中に唯一種類しか無いのです。

要するに、「単一商品」なのです。

●単一商品と言うことは、同じものでないと作っても売れない、販売出来ない、ということです。

太陽光発電が、土地とパネルさえ用意できれば誰でも出来ると言うので、参入者が殺到し混乱状態に成っていますが、この太陽光発電の電力も原子力の電力も、唯一つしか無い単一商品なのです。

コンビニに並んで居るオニギリやペットボトルと違って、皆さんが使うことが出来る電力（Ｋｗｈ）という商品は、一つしかありません。もちろん、姿やかたちは見えませんし、触ることも出来ない無色透明なものです。前に述べたように触ると、強烈な電流が電力（Ｋｗｈ）という品物の本体ですので、命を失うほど危険な商品です。

しかも、国民の皆さんがひとたび「スイッチオン」すると、途端に明かりが灯り、エレベーターが動き、トースターがパンを温め、電気釜がご飯を炊き始めます。

このように便利な電力という商品は、使い方によって一定の容量（電圧・電流）にきちんと《システム》化されて、工場や事務所であろうが家庭であろうが、間違いなく「切れ目なく」エネルギーを送ってくれるのです。

●先ほどから「電力（Ｋｗｈ）」とわざわざ表示してあるのは、見えない商品の電力を、見える商品と同じように《記号》で示すためです。

「ＫＷ（キロワット）」というのは、皆さんが使われた電力の容量（電圧・電流）を作り出すことが出来る製造（発電）設備能力のことです。したがって、発電（商品を生産）する設備の大きさは、この「ＫＷ」で表します。

一方「ｈ（アワー）」というのは、皆さんが途切れないように電力をどのくらい使われたかを時間で測り、「電力という商品」を購入されたエネルギーを「容量」で示すために、時間すなわち「ｈ」と表示しているわけです。

もちろん、電気料金は後払いですが、今月は「何Ｋｗｈ」を使ったかということで、電力会社から電力という商品の購入代金として、皆さんの手元に請求書が届くわけです。

このように、電力（Ｋｗｈ）という商品は、唯一種類しか無い「単一商品」だということです。

オニギリやペットボトルのように、いろいろと工夫すれば新しい商品が生まれ、販売量が増えるわけではないのです。携帯電話がどんどんスマートホンになったりして売れていますが、そういう商品とは全く違います。

しかも、電力（Ｋｗｈ）は、先ほども述べた通りどこの発電所で発電したものでも色分けは出来ません。同じ一種類しか無い電力（Ｋｗｈ）という商品なのです。その販売量が、このところ毎年減っているのです。

◇第２の疑問点　新規参入者を何故大量に募ったのか

→生産（発電）即消費（販売）しなければならない電力（Ｋｗｈ）という単一の特殊商品を、どうして販売予測もしないで「発電の新規参入者」を大量に募集してしまったのか。

※冒頭に述べたように、安倍首相はとても素晴らしい発言をされました。

「低廉で、安定した電力供給は、日本経済の生命線です。責任あるエネルギー政策を進めます」と言い切られました。

※ところが、その同じ施政方針演説の中で、次のように「発送電分離の結論在りき」のような、奇妙な発言をされました。

「電力システム改革も、いよいよ最終段階に入ります。電力市場の基礎インフラである送配電ネットワークを、発電、小売りから分離し、誰もが公平にアクセスできるようにします。ガス事業でも小売りを全面自由化し、あらゆる参入障壁を取り除いてまいります。競争的で、ダイナミックなエネルギー市場を創り上げます」

●※こうした発言が、今国会の冒頭に何故出て来たのか。すでに述べましたように、電力システム改革の法律が成立した今になって、よくよく考えて見ると、「国民の意思として前政権以来、きれいな地球にするため、太陽光発電をはじめ再生可能エネルギーを電源とする電力を、昨年10月末には9千万KWも認可してしまった」。その解決策には、今のシステムを変えて国民運動として展開していくしかないと、現政府のリーダーは考えたのではないか。それしか無いと、私は考えた次第です。

そのために、私どもは政府に協力して、どのようなことをしていけばよいのでしょうか。それを、上手に解明していくためには、政府が行なおうとしている考え方に、間違いが在っては困ります。何しろ、電力（Ｋｗｈ）という商品は特殊な品物ですから、正しい認識が必要です。

そこで、今迄に間違った理解が無かったかどうかを、少し点検してみたいと思います。

①先ず第1に、「電力市場」という発想について検討してみます。

何故なら、「市場」という以上は色々な商売をする人に、それこそ公平に堂々と競争をして貰い、要するに電力（Ｋｗｈ）の購入者（消費者であるあらゆる国民）が、一層品質の良い電力を出来るだけ安く購入出来るようにならなければ意味がありません。

ところが「電力（Ｋｗｈ）」という商品は、すでに述べましたように、唯の一種類しか無い〈単一商品〉であることや〈瞬時取引〉や〈同質同量〉など四十頁の才3図で示したように7つの特質を持つ、とても誰もが簡単に扱えないものであること。さらに、何しろこの商品が、何度も述べているように、幾ら市場取引で競争させても販売量が増えるものでは無いことです。

このため、２０１８年以降電力（Ｋｗｈ）という商品が、自由競争という状態になった場合、どういうことが起きるでしょうか。

（注）電力（Ｋｗｈ）の取り引きが自由化するのは、ここで示しましたように２０１８年からですが、電気料金が全て自由化するのは２０２０年です。

●先ほどから述べて来ましたように、販売電力量は減って行くわけですから、供給量のほうが多ければ、安売り競争ということが現実に生じると思います。とにかく、コスト割れしてでも売る会社まで出てくるでしょう。その結果、必ず倒産者と失業者が多発することにもなる

でしょう。このため、最もリスクの多いのが「電力市場」だと言う事になり兼ねません。

ご参考までに、食料品の市場取引に付いて述べておきますが、こうした取引とは電力は、全く違う面を持って居ることを知って頂きたいと思います。

日本国民の有力な食料資源の一つである魚（マグロ、鯵、鯖、鰯など）を港に陸揚げすると、やがて卸売仲買人の人たちの威勢の良い《競り市》が始まります。あの競り市で落札される魚の値段は、当然、品質と卸しの商人が推計した綿密な情報に基づく、消費者の〈購買予測〉があって、仕入れ値を描きながら応札が行われていると思います。

彼ら仲買人の予測以上に、買ってきた魚が売れたら利益もそれだけ増えるでしょう。

ところが、「電力（Kwh）」という商品の場合は、魚のように鮪とか鰤とか鰯とかというように、種類がいろいろ在るのではなく、唯一種類しかありません。しかも、その消費が増えることは無いとすれば、競争参入者がどんどん増えるほど、確かに一見市場は賑やかになるでしょうが、売り上げが増えるわけではありませんので、市場は混乱するだけで安倍首相が言うようなダイナミックに商品が売れていくことは、全くならないでしょう。

結論的に言えば、これは、次のようなことだと考えて頂きたいと思います。

●正に「買い手市場」のみが、そこにあるだけですから、最後は安売り競争になり、多くの

者が敗れ去ります。

しかも、これが電力市場の『常態』ですから、正に『架空の市場創出を夢見ている』ということではないでしょうか。

しかし、太陽光発電などへの投資家の方も含めて、電力市場がそんなに架空な存在であるなどとは全く考えていないのではないでしょうか。

多分、前の民主党政権の首相が、青天井で3年間に再生可能エネルギーの開発投資をすると申し込み応じた事業者は、その投資に見合う電力（Ｋｗｈ）を発電すれば、電力会社が20年間に亘って買い上げてくれると思うでしょう。その上で、国民が支払う電氣料金の中から、販売したＫｗｈ分の収入が20年間に亘って安定的に貰えると考えているのではないでしょうか。

そういうことを今国会で決めたのが、この度の２０２０年の電力完全自由化を目指した、電気事業改正法だということです。

元々私が主張して来たように、「電力市場」と言う概念は不完全なものだったのです。しかし残念ながら、国民の皆さんの意志として法律が可決されてしまった以上、何とかしなければなりません。最終的には、国民の皆さんがもう一度考え直すか、或いはとても高価な不安定な電源だが、「きれいな地球を作り上げるために、苦しくても国民みんなで負担しよう」ということで、９千万ＫＷの発電設備を稼働させるしかありません。

行政官僚は、今必死になって９千万ＫＷを減らすために、例えば電力会社が「購入の接続約束をしていないものは、単なる発電出来るということを認定しただけで在って、認可したわけではない」などと述べているようですが、そんな理くつが法的に通るわけは在りません。最後には、大変な訴訟問題にも発展することになりかねません。

② 第２に〈送配電ネットワーク〉のことを、「基礎インフラ」だと首相は述べています。

「基礎インフラ」とは、どういう意味のことでしょうか。

多分私たちが頭に描くのは、道路・橋・河川・鉄道・空港・病院等医療施設、最近では介護施設や薬局、それにコンビニなども入ると思います。

●そういう意味では、電力に関して言えば何も送電線や配電線だけでなく、発電所や変電所や給電指令所などの、いわゆる電気事業施設全体が、国民にとっては「基礎インフラ」なのです。

したがって、「送配電ネットワーク」という設備だけを、敢えて基礎インフラと限定してしまうのは、全くおかしいのです。

③「誰もが公平にアクセス出来るようにするため」という意味はどうことでしょうか。

この法案が提出された理由は、次の2点でした。

第1には、今迄のように地域別に存在している電力会社（現在10社）に、そうした基礎インフラを持たせていると、それは「独占」だからみんなが公平に、自由に使えないということです。

第2には、公平にアクセスできるようにするためには、兎に角電力会社から切り離して独立に運用しなければならない。と言う理屈です。

私は次の2点の理由から、その理屈は成り立たないと主張して来ました。

第1点は、瞬時かつ継続取引の電力（ｋｗｈ）という商品は、ここで言う基礎インフラは、全体の中の一体的な「システム」であり、切り離して管理運営するのでは、経営意思が統一しなくなり、結局は電力を使う顧客の国民に責任を持って商品を届けられないこと。

それは、正しいサービスや親切なおもてなしにならないということです

電力（Ｋｗｈ）という一つしか無い商品は、電力会社が「需給計画」をきちんと作って、**責任を持って法律に則り安全・安定に、しかも最も低廉な料金で、消費者である国民全員に平等に、配分されております。もちろん、売れ残りとか、電力の供給が不足すると言うよう**

なことは、電力運用のシステム上許されません。

したがって、誰でも送配電線を自由に使わせるという発想は、現実の送電線の運用上はあり得ないことです。

第2点は、すでに今回の電力システム改革の第一段と称する、「電力広域的運営推進機関（略称：広域機関）」を、この4月1日に発足させていることです。

この「広域機関」には、すでに600社を超える全ての電気事業関係企業が、半強制的に経済産業省の指導で加入し認可された中立的法人です。

その「広域機関」の理事長に就任した金本良嗣さんが、次のように述べており、さらにその上に、技術的物理的に整った電力会社の運営システムを、わざわざ切り離してどうしても管理しなければならないという理由はないはずです。

金本さんが指摘しているのは次の3点です。（資料：4月1日付け「電気新聞」）

※第1点は、自由化が進んだ後に、日本の電力システム全体で需給バランスがちゃんと取れているかどうかをチェックする「番人」というのが、「広域機関」の基本的な役割だ。それから、競争を有効に機能させるために公平な電力ネットワークの利用環境を整備することも重要だ。

※短期的には再生可能エネルギーの系統アクセス問題がある。これまでは電力会社だけが窓口になっていたが、今後は「広域機関」でも申請を受け付け、紛争が起きれば調整する。

※**第2点**は、自由化をうまく機能させるための最大の課題は、電力市場の競争性を高めることだ。そのための基礎づくりが、次のステップとなる。現在は電力会社からの供給が大部分で、彼らが電力市場を見ているが、競争が起きると個々の供給者は市場全体を見なくなる。その時に市場をどうマネジメントするかという発想が必要で、送配電（を担う事業者）がきちんと市場全体を見られる仕組みを構築しなければならない。

●かなり慎重に発言していますが、この「広域機関」は単に非常時だけでなく、平常時においても、電力システムに関連することについては、連絡指示をする権限まで法律により与えられています。それほど、用心して電力（Ｋｗｈ）の安定供給に務めようとしております。もしも、この「広域機関」の指示に従わない場合は、最悪の場合、刑事罰の適用も用意されています。

したがって、どうしても理屈に合わないような物理的にも技術的にも分離すると上手に機能しなくなることが明白なシステムを、強引に壊そうとする必要はすでに無くなっているはずです。**金本さんも慎重に述べていますが、「広域機関」が全体の需給調整を含めて、自由**

競争が公平に行なえるように責任を持って行うのが基本的な役割だと言っています。だから、何故、送配電システムを分離しなければならないのか。しいて言えば、次の2点しか考えられません。

第1には、石油などの化石燃料の販売量が今後基本的にはどんどん減っていくため、石油業界などが生き残りを懸けて電力市場への新規参入を試みております。その支援をしようということが考えられます。

但し、市場競争でどの程度確実に参入出来るかは疑問ですが、そうした新しい業界からの参入者のために、送電線を電力会社から切り離して中立機関で差配しようというのではないでしょうか。

第2には、折角導入した再生可能エネルギー、すなわち太陽光とか風力、バイオ、地熱、小水力と言うような「固定価格引き取り制度」で、権利を与えたベンチャー事業家などに、電力（Ｋｗｈ）の《販売権》を分け与えるために、同じく電力会社から切り離した送電線に、効率的に繋げようという事でしょう。

●結論を述べれば、戦後60年間も掛かって、電力会社のプロたちが営々と創り上げて来た、《世界一安全・安定》な「電力のフィードバック・ループシステム」を、石油会社やベンチ

ャー起業家たちに「電力販売権」を分け与えるだけのために、壊さなければならないということです。

◇第3の疑問点　電力（Kwh）の機能を踏まえたシステムを変える理由

※地域別発送変電一貫体制という「物理的システム」を変えなければ、電力（Kwh）の安定供給が果たせないのか？

国民の皆さんもご存知ように、この問題が出て来たのは4年前の東日本大震災で、東京電力の発電所（原子力・火力）が殆ど停止したため、広域停電が発生。数日間に亘って関東地域の計画停電を実施したことに端を発しております。

同時に、福島第一原子力発電所の1号機から4号機まで約290万KWが運転不能に陥り、遂には水素爆発などによって放射性物質が地域全体に拡散しました。

この時以来、原子力忌避の風潮がわが国全体を覆い、かつ「電力会社は悪者」という風評が、マスコミや時の民主党政権の政策などによって喧伝されました。

こうした中で出て来たのが、戦後60年以上変わらない電力会社の「地域別系統一貫の独占体制」を変えなければ、また国民に「停電」と「放射性物質の被害」が及ぶことに成ると言う意見でした。

◇はっきり言えるのは、日本の電力は世界で最も安定的ということ
―問題は「環境対策」と「電気料金高騰の抑制」―

●【重要ポイント】

《3つの理由》

①大地震の後も、この4年間日本の電力（Kwh）供給信頼度は世界一（停電最少）

②大地震の折りの停電は、東京電力と隣の中部電力の送電線連携が十分では無かったから→全国の送電線連携の問題ではない

③電力会社は発電から電力販売まで一貫して行っており、事故の後この4年間に何ら問題は生じていない

※問題は、コスト最低で安定的かつCO2の無い「ベース電源の原子力発電」を、全停してしまったこと

上述したように、電力（Kwh）の販売量がどんどん減っているわけですから、今後、電力会社は出来るだけ新規の設備投資は、今迄のようにしなくて済むはずです。

むしろ、今迄使って来た発電・送電・販売（配電）の設備を、効率的に運用出来るように「設備更新（リニューアル）」することに、力を入れなければなりません。

ところが、「独占体制を壊す」と称して、今迄の地域別に電力会社一社で行っていた事業を、新規参入者を含めて大勢で生産・輸送・販売を行うというシステムに変えると、関与する人が増える分だけに手間暇が掛かるのは、いう迄もありません。

すでに、発電会社だけで約７００社が、新規参入の名乗りを挙げていると言われております。それに、「**第19図**」（２２５頁）にも在りますように、２０１４年10月までに再生可能エネルギーの認可を得たものが、件数で１４４万９千件、合計７２００万ＫＷにも達しています。３・11以前に、すでに認可を受けて運転している再生可能エネルギーは約２千万ＫＷですが、合計すると９千２００万ＫＷにも達しています。

（注）先ほど来、９千万ＫＷという数字が何回か出て来ましたが、正確には、９千２００万ＫＷになるわけです。

しかし何度も言うように、販売量が急激に増えることは考えられないのに、完全自由化したら大混乱になるのは明かです。

前述したように、もしも石油が売れなくて困っている石油業界に、電力事業をさせたいと言われるのなら、それはこれから自由競争ですから堂々と参入されるのには、既に「広域管理機関（金本理事長）」も運営を始めていますので、何も問題は有りません。しかし、市場競争は結局は入札制度など、中立公平に行われなければなりません。

そういう事情を考えると、現在、電力会社が行なっている責任を持った電力の生産輸送販売という一貫体制を、今回の法律通りに解体しまうことに、どうしても疑念が残ります。

●法的コンプライアンスを守りながら、多くの業界が電気事業に参入し、恰も「総合エネルギー事業」を共生協調し、そしてさらに公平な競争をしながら、電力（Ｋｗｈ）という商品の年間約10兆円、それにガスなどの市場を入れると約15兆円になりますが、それをどのようにシェアして行くか。そのアイディアが問われていると思います。私の、提案もその点がポイントです。

※「発送電分離」というシステム解体は、ダイナミックな市場創出にならず
↓企業倒産と失業者が溢れる

今回の法律で、現在の電力会社は２０１８年には、法的に発電部門と送電部門、さらに配電（販売）部門に分割されることに成りました。そして２０２０年には、小売りまで完全競争状態に入ります。これから、国民の皆さんが、選んだ代表者の国会議員がみんなで可決成立した法律です。

よって、それを順守しながら、今後の成り行きを判断して行かなければなりません。以上述べて来たようなことを知って頂いた上で、発送電分離というシステム改革を考えてみていただきたいと思います。競争的でダイナミックなエネルギー市場が出来て、雇用も増えるということは、考えられないのではないでしょうか。

生産（電力の発電）が増えても、販売（電力の需要）が減ってわけですから、生産物（電力）は当然余ってしまいます。電力は普通の商品と違って、単一商品でありしかも即座に売れなければ、放電するしかないのです。

そうなると、間違いなく競争で潰れる会社が続出し、失業者が溢れるでしょう。そんなことになっては、折角期待した、国民のわれわれが困ると言われるでしょう。

●しかし、どう考えても「電力（Ｋｗｈ）」の販売だけでは、発展性が見出せません。そこで、なんとかしなければという工夫が必要です。

第１には、大量に再生可能エネルギーを開発するという意気込みで、国民が選んだのは「きれいな地球を創るために尽すという覚悟」を、再認識することです。

第２には、これまで50年間以上掛かって、その役目を託して来たもの、すなわち「原子力

発電所という同じく国民が選択して来た貴重な財産（ヒトモノカネ）を、生かすと言う覚悟」を、同じく再認識することです。

第3には、この2つのことを前提に、それを実現するために、どういう「新たな事業ないし産業システム」を、目指していくかということを考えなければなりません。

それには、さらにもう少し国民の皆さんが、なかなか判り難い「電力」の原理を踏まえたご理解をして頂くことが必要であると思います。

「第2節」では、現在の電気事業のシステムの重要性と合理性について、説明いたします。

第2節　電力（Kwh）はプロのシステムで動く

――官僚が陥るシステムの限定合理性

ご存知でしょうか。最近世界中の人たちが心配している、地球環境問題を予言したのはローマ・クラブという有名な科学者の集団が著わした、『成長の限界』という論文でした。

1972年、すなわち今から43年前のことですが、その本の主筆者はドネラ・H・メドウズという物理学者です。そのメドウズ女史が、亡くなる7年前の2008年に発刊された『Thinking in Systems a Prime』いう大変素晴らしい著作があります。
（注）日本語訳『世界はシステムで動く――いま起きていることの本質をつかむ考え方』（英治出版）

メドウズ女史は、物理学者です。したがって、宇宙の原理から女史は説きおこしておりますが、全ての物質は元素から成り立ち、しかも物理的なシステムによって出来上がり、動いているという基本的な原理を説いております。

もちろん、人間が作った組織、例えば会社とか地域社会とかさらには国家と言うようなものも、長い間に亘ってシステム化されています。したがって、システムは決まってしまうと、なかなか変えるわけにはいかなくなります。これは、組織の中に役割分担が出来ていて、始終周りの情報の変化をキャッチし「フィードバック・ループ」に働きかけて、システムを守ろうとしているからだというわけです。

しかもメドウズ女史は、システムを「物理的なもの」と「人為的なもの」とに仕分けております。

●その上で、「人為的なシステム」の発展が、「物理的なシステム」を壊すことが問題だとして、「フィードバック・ループ」の修正が必要だと言う訳です。ローマ・クラブの「成長の限界」を予言した論理の基本が、ここにあると言えます。

※「電力システム」は、変えてはいけない「物理的システム」
―「物理的システム維持型」と「物理的システム破壊型」との違い―

1秒間に地球を7周り半もする速さ、すなわち秒速50万kmで生産（発電）して購入し消費（販売）される「電力（Kwh）」は、当然普通の商品のように貯蔵が出来ません。

わが国の電気事業に関係する専門家から経営者まで、多くの人たちが、「姿かたちも匂いも無い、然し触れると危険な電力（Kwh）という商品」を、どのように生産（発電）から販売（消費）までに、無理なく組み立て効率的な《システム》にするのがよいか。明治時代の導入期から戦前の国家管理の時代まで、種々検討が成されて来たのは言いうまでも在りません。

そこでの最大の発見はといいますか、最も重要なことは、電力はオニギリやペットボトルや携帯電話器のように、生産から販売までの間に、商品を棚に並べて置いたり、あるいは冷蔵庫や倉庫などに貯蔵することはできません。すなわち電力（Kwh）という商品は、途中で「半製品」にしたまま貯蔵し、加工したり出来ないと言うことでした。

だから、物理的に生産（発電）と輸送（送電）と販売（配電）とを、分割してしまうことは「電力（Ｋｗｈ）」の「フィールドバック・ループ」の法則に反しているわけですから、いま法律（電気事業法）を改正してまで、電力システムを変えようということは全く理由が判らないと述べているわけです。

後ほど触れますが、欧米特にヨーロッパ諸国では小さな政府ということを基本に、約30年前、成長こそ全てであり自由競争市場を創出する国家的事業を民営化する規制改革が実施されました。特に先頭を切って実行したのは、鉄の女と言われたイギリスのサッチャー首相です。

外資を導入して、徹底的に民間企業の活力による経済の効率化を行いました。北海油田の開発や原子力発電の推進などと共に、みるみるイギリスは、国力を回復し経済成長と同時に雇用も増大しました。

●のちに詳しく述べますが、この時サッチャーは電力システムまで手を付けてしまいました。本来はやってはいけない「物理的システム」を壊してしまったのです。

何故そんなことまでしたのかと言えば、「国営だった電力会社を民営化するため」だったのです。労働組合のボスと国営電力会社のトップが、ゼネストでサッチャー首相を脅しました。サッチャーは、電力の発電部門と送電部門を分割すれば、そんなことは出来なくなると

考えたのです。

しかし、それがもちろん間違いであることは、直ぐに判ったのです。すなわち、イギリスでは発送電を分離した3年目ぐらいから、電気料金が2倍以上に上昇しました。逆に停電回数も増えたのです。

20年が経った今、イギリス国民は困り果てていますが、一回壊したシステムはなかなか元には戻りません。

次の「**第6図**」は、「物理的システム維持型」と「物理的システム破壊型」の違いを示したものです。

この図は、人為的に発送電を分離し「物理的システムを破壊してしまった欧米の場合」と、わが国の今日までのような「物理的システムを守り発送電一貫体制を進めたている場合」との、電力（Kwh）の得失を比較したものです。

ご覧の通り、「A型（発送配電一貫型）」と「B型（発送配電分離型）」とでは、従来の経験則（わが国の戦前の経験を含む）に基づく結果では、明かに発送配電分離の下での事業運営では、メリットは殆ど無く大きなデメリットだけを抱えることになります。すなわち「B型」では、電力（Kwh）の消費者すなわち国民と企業などにとって、大きな負担を強いる

第6図　「物理的システム維持型」と「物理的システム破壊型」との事業得失の比較

【A型】(物理的システム維持型➡発送配電一貫による自由化)

どこの国か	日本　フランス　米合衆国32州(50州の62%) (注)○日本は、10地域別系統一貫システム型 ○米国32州は、概ね州別系統一貫システム型 ○仏国は、一国系統一貫システム型
メリット	※電気料金低廉　※信頼度高い(停電率低い) ※送配電ロス率10%以下
デメリット	※特になし

＊2015年6月以降、日本は、B型へ

【B型】(物理的システム破壊型→発送配電分離による自由化)

どこの国か	英・独・伊等(EU諸国)米合衆国18州(38%)日本(戦前) (注)日本は、戦前において ①私企業同士の完全自由化による発送配電分離型競争時代 ②国営による発送電分離時代との2つが在る。
メリット	※金融商品売買増加
デメリット	※電気料金高騰(概ね2倍)　※信頼度低下(停電増加) ※送配電ロス率増大　※電力取引市場混乱 ※外国資本参入　※企業倒産増加、失業率上昇 ※寡占化、企業再編変動継続

(注)但し、日本は今回の法改正で、発送電分離を
決めたので、今後は〔B型〕になります。

だけです。

喜ぶのは、官僚と一部の資本家（政商たちと外国ファンドなど）だけです。

※官僚が陥るシステムの限定合理性　―電力改革、官僚任せ？―

わが国の「電力システム」は、メドウズ女史が述べた物理的システムを忠実に守っていると私は考えており、２０１２年２月に民主党政権下で伊藤元重東大教授を委員長とする「電力システム改革専門委員会」が審議を始めた時から、この数年間、現行のシステムを壊すことの間違いを訴えて来ました。

●ご存知でしょうか、「第７図」のようにこの委員会の委員は11名居りますが、全く電力会社の専門家や経営者も入れずに、要するに素人集団が「発送電分離の結論在りき」の前提で、審議したものです。

もちろん、通商産業大臣の諮問機関ですから官僚集団が作ったものでした。言うまでも無くすでに「第７図」でお判りの通り、外資を導入して金融市場の活性化の道具に電力システムの発送電分離を行った、イギリスをはじめとした欧米型のシステムを「何の検証もすることなく乱暴に導入」するというものでした。⇓それが、不思議にもそのまま、安倍政権に引

第7図　発送電分離の電力システム改革を決めた人たち

電力システム改革専門委員会委員一覧」(敬称略)

(注)肩書きは判り易い表示にしております。

①	委員長	伊藤　元重	経済学者(東京大学教授)
②	委員長代理	安念　潤司	法律学者(中央大学教授)
③	委員	伊藤　敏憲	アナリスト(会社役員)
④	同	太田　弘子	経済学者(政策研究大学教授)
⑤	同	小笠原潤一	エネルギー専門家(研究所研究員)
⑥	同	柏木　孝夫	工学学者(東京工業大学教授)
⑦	同	髙橋　　洋	研究者(富士通総研研究員)
⑧	同	辰巳　菊子	消費生活コンサルタント(協会役員)
⑨	同	八田　達夫	経済学者(学習院大学教授)
⑩	同	村松　敏弘	社会学者(東京大学教授)
⑪	同	横山　明彦	ベンチャー事業研究者(東京大学教授)

(資料)資源エネルギー庁発表資料より引用

き継がれ、今まさに5年後の電力システム改革の主柱となっているのです。

私は、本件の問題に早々に気付きましたので、書籍にしたり、雑誌や新聞に論文を書いたり、あるいはマスコミをはじめ識者の方々にお手紙を書いたりして、この間違いを訴え、かつ意見を述べて参りました。これに対し沢山の方々から、私の意見に賛同すると言うお手紙を頂いております。

(注)内々の文書やお手紙が殆どですので、公表は差し控えます。

※憲法違反の事実

●もう一つはっきり述べておきたいことが在ります。それは、ご存知の通り

現在、地域別に責任を持って、それぞれの地域に電力（Ｋｗｈ）を殆ど停電することなく安定的に供給し、国家のライフラインを守っている10の「発送配電」を一貫して責任を持ち使命を果たしている電力会社は、百パーセント私企業の会社です。そうした会社を、勝手に他人が分割するような話を、経済産業大臣の諮問機関で「電力会社の関係者を一切排除した専門委員会」で審議し、企業経営の在り方を変更することを決めることをしたこと。その状況は、「第6図」に示した通りです。

それは、正にわが国の憲法第29条に定めた「財産権は犯してはならない」という基本に悖る行為であると私は思います。もちろん、公共の福祉のために私有財産権を制限することは、同じく憲法で認められていますが、上述の基本的な審議検討の場である「専門委員会」において、企業の経営者も株主・投資家、さらには労働者の代表さえも一切排除して審議をしたのは事実です。

多分、２０１2年当時、この問題を審議した民主党政権下では、「原発の事故を起した電力会社は、東京電力はもちろん他の電力会社も、全て罪を犯した悪者だ」と決めつけていたから、こんな無法なことが行なわれたということでしょう。しかも、マスコミが懸命に電力会社を悪者扱いにした情報を流しました。このことは、後々また別途違憲審査という手段で議論すべきことだと考えます。
しかし、事実はそうであっても、国民の意志がそういう方向を目指し、結果的に改革法が成立していますので、その法律に従い課題を解決していくしかありません。

※情報の遅れと官僚の限定合理性
—官僚たちの狙いは何か?

一つ、断わっておかねばならないことがあります。

●それは、日本という国が、間違いなく歴史と伝統と文化を踏まえて、連綿として「特殊な組織体制国家」を形成していると言うことです。

戦後の新憲法下においても、今でも行政官僚は、象徴天皇をトップとした日本国と言う国家の屋代骨を、維持する使命を負った立派な政党政治によって成り立つ、総理大臣を筆頭とする日本政府を実質的に支える集団なのです。

その優秀な官僚軍団によって、民主的資本主義国家のわが国は成り立っているのです。私は、この国はそれしか無いと思っていますので、その成り立ちと今後の方向性を否定する積りは全く在りません。

したがって、民主党政権下において、政治家が官僚を無視する行動を採ったことがありましたが、あれは完全に誤りです。

政治は、如何に国家の組織を維持している官僚軍団を、上手に使い熟すかということを念頭においてこそ、重要な政策が真面目に行えるはずです。

●しかし、最も重要なことは、政治家の「使命感に燃えた明確な価値判断」が、行政組織に伝わらなければ、官僚軍団を使い熟すことは出来ないということです。

特に重要な政策決定に於いて、それが国民のためになるのかどうかの判断が、明確に示されること。それが、政治のトップリーダーが歴史に残る名君と言われるかどうかの生命線です。


逆に、優秀な官僚を信頼するあまり、基本的な重要政策を官僚に丸投げするようなことが、万一あったら、それは国民にとっては、正に悲劇にさえなりかねません。行政官僚は、優秀なだけに任せ過ぎると大きなリスクを膨らませる危険性を孕んでおります。

そのためにも、私がここで強調したい「情報の限定合理性」というリスクを、政治家にはもちろん、その政治家を選んだ国民のみなさんにも、是非とも考えて貰いたいのです。

●すなわち、どんな優れた組織でも、あるいはどんなに凄い、最近では「ＩｏＴ」といわれる最先端の情報技術を駆使出来る世界的なトップリーダーでも、遠くの微細なことまで完全

に情報を掴んで判断をすることは不可能でしょう。何故なら、世の中の事象の変化は激しく、所詮雑多な価値観を持った者たちが下す行動が完全に把握出来るわけがないからです。しかし、どうしてもリーダーは必要な政策判断をしなければなりません。

以下、次の章で取り上げることにします。

第3節　販売電力の売り上げ減少だからこそ必要な原子力発電

原子力発電と聞いただけでも、全く拒否反応を示される方が居られます。人類が、新しい技術によって、今までに無かった新しい生活活動の手段を手に入れた時、必ず反対者が現れるものです。

そういう人たちが居ても、結局私たち人類は、新たな手段を使い熟す知恵を働かせて、自分たちの暮らしを何千年も掛かって改善して来たのです。しかし、そのためには一般の人たちがとても危険だと思う物質を、「その危険を新しい技術力で封じ込めること」に拠って、逆に安全に利用するという工夫を常に行なって来なければなりませんでした。新しいものを取り入れるまでには、そのために犠牲になった人たちが居りました。

例を挙げればきりが在りませんが、今から僅か300年ぐらい前、すなわち18世紀の初め頃に「石炭」をエネルギー源として、新たに使うようになった時も犠牲者が出ました。産業革命の発祥の地と言われるイギリスのグラスゴーでは、「〈石炭〉は悪魔の火」だと言って民衆が事業主を痛めつけたと言われます。魔女殺しの伝説も、その頃石炭の悪魔の火によって生まれた怨霊の仕業とされました。こうして、石炭が《黒いダイヤ》と言われるようになるには、約1世紀を要しています。

いま原子力は、20年以上前のウクライナでの「チェリノブイル発電所」の事故に引き続き、わが国の大震災の結果生じた東京電力福島第一原子力発電所の事故を受けて、数世紀前の「石炭」の利用の場合と同じように、「放射能を撒き散らす〈原発〉は悪魔の火の仕業」と、忌み嫌う人たちが居ても可笑しくないと思います。

だがしかし、人類は一度発見した便利な「電力を創り出した原子力の火」を、消すことは不可能です。むしろそれを使い熟さなければ、生きていけなくなるでしょう。

その理由は、次の2点です。

第1点は、後百年もすると百億人近くなった人類が、それを使い果たし地球上から化石燃料は殆ど無くなること。

第2点は、無資源国日本は限界のある再生可能エネルギーだけでは、不足する電力を賄いきれず、結局はどうしても準国産の原子力を使わなければ、生きていけないこと。

この点については、後ほど詳しく説明しますが、ここでは日本という国が如何に歴史的に無資源国であり、この国の国民を養うために大変な苦労をして来たかを、是非読者のみなさんには知って頂きたいと思います。

その材料として、今から74年前日本が大東亜戦争と言われた、連合軍と戦争までする状況に追い込まれたのか。その大きな理由の一つが次の**第8図**に示した「米軍の対日経済制裁」の内容で、資源の無い日本が殆ど米国に「石油輸入を依存」していたことが事実として挙げられます。

もちろん、戦後においてもこのエネルギー資源の無い状況は、全く変わっていないということです。

第8図　戦前の「無資源国日本の状況」を示す事例

米国の対日制裁のうち、特に航空機燃料、潤滑油、屑鉄、工作機械等の主要戦略資機材の禁輸の影響は大きかった。石油の輸入先は当時米国が大部分であり、昭和 14 年（1939 年）には石油の備蓄を目的にした緊急輸入によって米国依存度は 90%にも達していた。米国の石油禁輸から４か月で日本は戦争に突入した。

米国の対日経済制裁の内容

時期	制裁内容
昭和 14 年（1939 年） 7 月	「日米通商航海条約」の破棄を日本へ通告
12 月	「道義的輸出禁止令（モラル・エンバーゴ）」発動。航空機用燃料、製造設備、製造権の対日輸出を禁止。
昭和 15 年（1940 年） 1 月	「日米通商航海条約」が失効
6 月	特殊工作機械等の対日輸出許可制を実施
7 月	「国防強化促進法」が成立。大統領に輸出品目選定権を付与
8 月	オクタン化 87 以上の航空揮発油、ガソリン添加用四エチル鉛、鉄・屑鉄、特定石油の輸出許可制を実施
9 月	屑鉄の全面輸出禁止を実施
12 月	航空機用潤滑油製造装置他 15 品目の輸出許可制を実施
昭和 16 年（1941 年） 6 月	石油の輸出許可制を実施
7 月	在米の日本資産を凍結
8 月	石油の全面禁輸を実施

（出所）ＪＯＧＭＥＣ「石油・天然ガスレビュー2010 年 3 月号」

日本の石油輸入の米国依存度

時　期	石油輸入量	米国からの移入量	米国からの輸入比率
昭和 10 年（1935 年）	３４５万ｋｌ	２３１万ｋｌ	６７％
昭和 12 年（1937 年）	４７７万ｋｌ	３５３万ｋｌ	７４％
昭和 14 年（1939 年）	４９４万ｋｌ	４４５万ｋｌ	９０％

※　他の輸入先は蘭印（インドネシア）、ソ連など

（出所）戦史叢書大本営海軍部・連合艦隊（2）

石油関連数値日米比＜昭和 16 年（1941 年）＞

	日本	米国	日米比
原油生産量（万バレル／日）	0.52	383.6	1：738
石油精製能力（万バレル／日）	9.04	465.8	1：52
液体燃料在庫量（万バレル／年）	4,300	3 億 3,500	1：7.8
製油所１日１人当たり精製量（バレル）	4	53	1：13

（出所）米国戦略爆撃調査団石油報告

第4章　電力システムが「行政の恣意的独占支配」になる

——官僚支配国家の復活——

この章の要旨

この度国会を通過した「電気事業法等エネルギー改革に関する」一括法が、戦後70年目の節目に成立しました。一言でいえば、完全自由化ということは、言ってみればわが国の電気事業が、正に私企業として黎明期（明治15年）以来、軍事国家管理が始まるまでずっと完全競争して来た時代に、一挙に戻ったということです。異なるのは、発送電分離によって国家管理すなわち行政官僚の支配が、否応なしに強化されると言うことです。

しかしこれは、間違いなく国民の総意で作った改革ですので、私どもはその意味を噛みしめ、わが国が目指すべき方向は何かを、きっちりと見定めてその運用に政・官・民・学が協調協力して、無資源国のセキュリティを守っていく必要があります。私自身は、この本の表題にもある通り、今回の改革で日本は「きれいな地球にする覚悟」を、明治開国150年を迎えたこの節目に、しっかりと目指すことになったと理解しております。

しかしその反面、冒頭にも述べた通り、４年前の３・11という大災害の結果、その覚悟が10年以上早まったため、条件整備が不十分であるための不都合な事態に伴う課題が山積していると考えます。

このためか、言うまでも無く伝統的に組織社会のわが国は残念ながら一層、官僚支配国家のかたちが強まる懸念が出て来ました。もっとくどく述べれば、「電力システム改革で、行政官僚の恣意的独占になる日」が、近づいたと言えるのではないでしょうか。

もちろん、これは古今東西皆同じですが、行政官僚たちは時の政治に、忠実に仕えようと心掛けるでしょう。

しかし、彼らは長い歴史と伝統の上に、自らの集団の勢力を維持しようと必死に務めております。その上で如何にしたら、行政能力を政治が求めかつ定めた法令を基本にして、自分たち集団の勢力の維持拡大に、利用し得るかということに常に腐心しているといえます。言い換えれば、如何にすれば行政官僚が国家と国民に対する《権力の維持・拡大》を図れるか。そのことに、全てを賭けようとしているのです。

ローマクラブが、今から33年前「成長の限界」というとても重要な論文を発表した時の主筆ドネラ・メドウズ女史が、その後亡くなる前に纏めたと言われる「世界はシステムで動いている」という書籍の一文を、以下の通り紹介しながら、この章の意味合いを知って頂きたいと考えます。

『透明な情報の流れを制限し、騙らせ牛耳るために（中略）シグナルを歪めたいと思っている人に、政府のリーダーに影響を与える力を与え、情報を配布する人たちが私利を求めるパートナーであることを許せば、必要なフィードバックはなにひとつ機能しない……介入者（官僚）の、ちょっと助けてあげるという言葉を是非噛みしめて頂きたい。システムが元来持っている自己維持能力が、（官僚の）介入によって損なわれると機能不全に陥る』（注）文中カッコ内の「官僚」という言葉は、著者が勝手に挿入したものです。

いずれにしても、今回、国会で可決された電気事業の改正、すなわち「今後、電力（Ｋｗｈ）の取引を完全自由化する」ということは、どんな問題が発生するのか。是非、戦前の事実を検証してみる必要があります。

その上で、さらに既に述べましたような、一言でいえば戦前と違って①販売電力量が減ること②膨大な再生可能投入によって、とんでもない供給過剰状態が生まれること、という大問題が在ることを、読者の皆さんは是非確認して頂きたいと思います。

第1節　電力を支配すればこの国を支配出来る

◇官僚の本質とは何か

作家の浅田次郎氏の小説を愛読し映画やドラマ化されたものも殆ど観ているからというわけでしょうが、最近書店で「日本の『運命』について語ろう」（幻冬舎）という同氏の論文集が目に付き、読んでみました。歴史の重要性について種々語っておられ、大変参考になりましたが、その中で中国という国と日本の違いについて、重要な指摘がしてありました。

中国では、統治システムも民族も全部違う支配者が、百年ないし数百年ごとに交代するということを繰り返しているが、科挙すなわち官僚制度のシステムだけは、全く変っていないと言うのです。対して日本は統治システムが天皇制を頂点に変わらない点が中国と違うが、官僚制度というシステムだけは中国の科挙制度同様に変わらないと述べています。良し悪しは別として、これが組織社会によって成り立っている国家の特徴ということでしょうか。

もちろん、わが国の官僚の皆さんは、最も強いコンプライアンス（法令順守）に徹した素晴らしい集団です。特に儒教の影響の強い日本の行政組織に於いては、国民のために尽くすという道徳心こそが、生き甲斐の基本になっていることは間違いありません。

それは、私自身がそうした官僚の方々と一緒に仕事をした経験があるからです。

そのことは、幾つかの拙著や随筆などの中で述べてきましたのでここでは省略しますが、一般国民のみなさんが考えて居られる以上に、官僚は謙虚であることは確かです。それに、とても真面目です。

しかし、彼らが集団の組織としての行動を自覚するときには、完全に様相が違ってきます。要するに、官僚の方々の個人的な謙虚さと集団の論理とは必ずしも一致しないと言った方が良いでしょう。すなわちあらゆる集団は、自らの仲間と子孫を守るために必死で「勢力拡張運動」を行います。

別の言葉でいえば、「生命維持機能の発揮」ということです。あらゆる集団と述べましたが、その通りであって例えば野生動物の世界でも、そして細菌やウイルスの場合でも同じです。突然発生する新型インフルエンザもそうですし、昨年代々木公園で発生したデング熱や、さらにはエボラ出血熱なども、考えて見るとウイルスや細菌たちの立場から考えると、彼らの生命維持のための勢力拡張運動であると言えます。

そこまで考えた時、戦後70年目という節目の年に、「電力システム改革」という手法の中には、彼ら官僚軍団の集団的組織拡張運動が、見事に組み込まれていると思われるわけです。

すなわち、戦後長い間に亘って、わが国が高度成長を行うという場合においては、特に電力事業の主導権は民間電気事業者の側に在ったと言えます。

ところが、現在のように「電力（Ｋｗｈ）」の販売力が低下し、かつ多様な売り手が市場に参入しようとする場合には、必らず「全体を上手にコントロールしなければならない」、という論理が出て来ます。

●特にわが国のように、正に地勢的な特性から、連綿と集団的組織を維持統合して来た国においては、集団の生命維持機能が、どうしても『上意下達』的な手法によって発揮されて来たことは間違いありません。

その機能を発揮して来た部隊が、行政官僚組織であります。しかしながら、先進国の近代的発展の原則を取り入れたわが国は、国民の自由な発想と活動を民主主義の思想によって、情報を自由に使いながらイノベーションを図っていくことが、許されるのが最大の特徴ではないでしょうか。

これは、逆に言えば組織を守ることを本領とわきまえる官僚軍団に対して、国民の例は官僚に「道標創り」を委ねるのではなく、寧ろ民間人が個々人のアイディアや活動を含む方向性を自から発信して貰い、官僚軍団はそうした民間人が求めたアイディアや活動の方向性を踏まえて、その実現に向けての「確かなスケジュール」を創り、民間人のために財源などを補完し、かつ万一の場合の活動に伴うリスクを保障してくれる、ということでなくてはならないと考えるわけです。これが、自由民主々義国家の基本形でなければなりません。

●ところが、なかなかそうしたことにはならず、いつの間にか官僚軍団が先ず、「アイディア創り」を行い、逆に民間は実行部隊になるだけの、正に《上意下達》的な姿になってしまうという、逆転現象が生まれつつあるように思います。

この国の成り立ちと関係のある「官僚国家」の台頭の危険性が迫っていることが、非常に強く感じられるのです。

◇電力（Ｋｗｈ）で稼ごうとしても、ＧＤＰには結びつかず

21世紀に入って、世の中が急激に一層グローバル化し、地球が狭くなったと言われ出した時、わが国のＧＤＰ（国民総生産）は約５００兆円で頭打ちとなりました。「**第9図（1）**実質国民総生産（ＧＤＰ）の推移」を示しましたが、ご覧の通り実質のＧＤＰは殆ど

増えない状態となっていることがお分かりだと思います。

寧ろ徐々に減り始め、現在は30年まえに比べて、３割減って470兆円になっております。

参考までに、「**第９図の（２）**」に「ドル建て購買力平価で見た国民総生産（ＧＤＰ）の推移」をご覧ください。これを見る限り、わが国の国民総生産の価値は、上昇カーブを辿っています。しかし、ご存知のように安倍政権は、「円安政策」をデフレ脱却の核にしようとしており、２年前に比べて最近は「円」がドルに対しても、またユーロに対しても、３割程度下落しております。したがって、この傾向はしばらく続くと思われますので、ドル建ての国民総生産もやはり、500兆円にはなかなか達しないのではないでしょうか。

「第9図の（2）」の右肩上がりのカーブが、放物線の姿に変化していく可能性が在ります。やはり、これからはなかなか増えない「販売電力量」を当てにして、市場を活性化させようとしても、無理だと言うことです。

後で結論を述べますが、今回の法律で電力（Ｋｗｈ）市場を完全自由化した以上は、皆が知恵を絞って「電化率（電力で使うエネルギーの比率）」を、増やすしかありません。当面燃料代が「Ｋｗｈ当たり１円」という、何時でも動かせる「原子力発電所」を早く稼働させ

第9図(1) 「実質国民総生産(GDP)の推移」

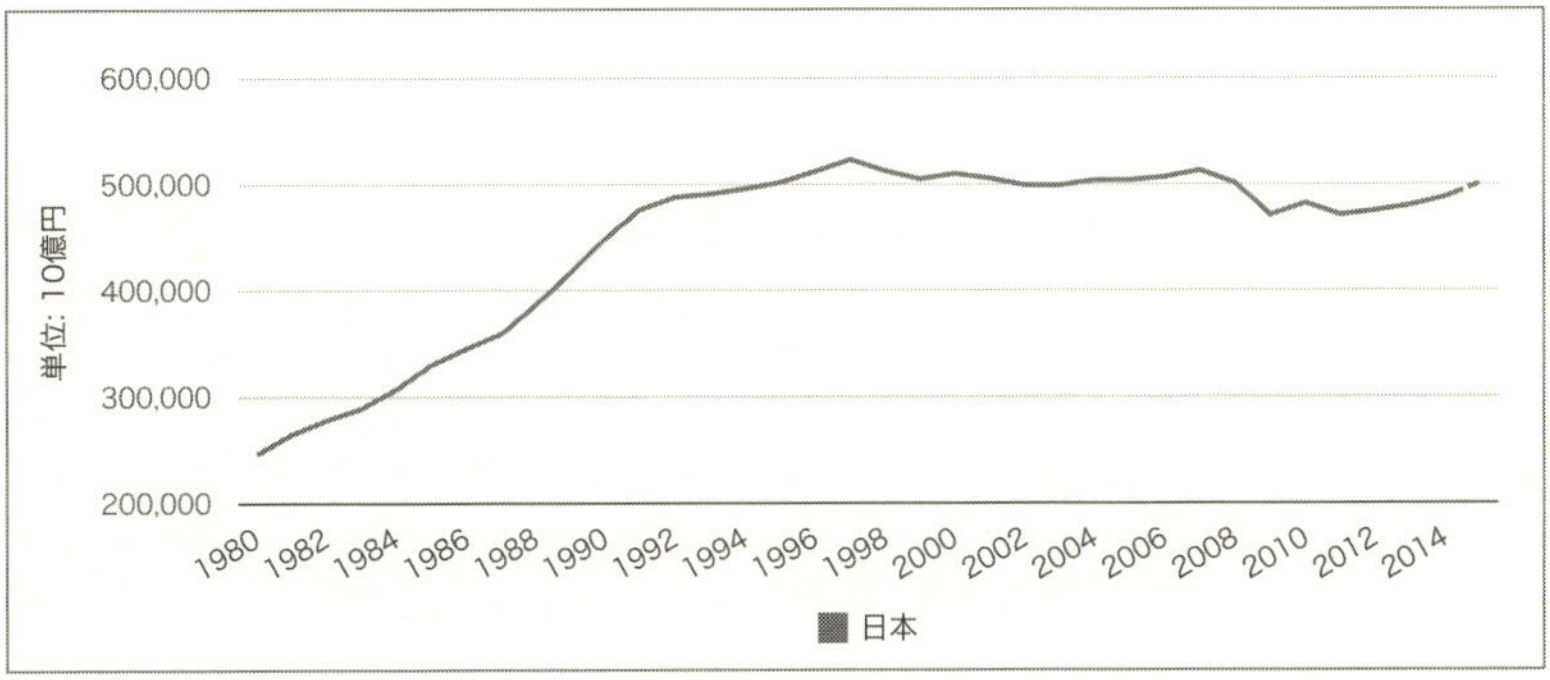

年	1980	1981	1982	1983	1984	1985	1986	1987	1988	1989
	246,464.50	264,966.29	278,178.97	289,314.59	307,498.71	330,260.58	345,644.50	359,458.42	386,427.79	416,245.86
年	1990	1991	1992	1993	1994	1995	1996	1997	1998	1999
	449,392.30	476,430.98	487,961.51	490,934.25	495,743.50	501,706.90	511,934.80	523,198.30	512,438.60	504,903.10
年	2000	2001	2002	2003	2004	2005	2006	2007	2008	2009
	509,860.00	505,543.30	499,147.00	498,854.70	503,725.40	503,903.00	506,687.00	512,975.20	501,209.30	471,138.60
年	2010	2011	2012	2013	2014	2015				
	482,384.40	471,310.80	475,110.30	480,128.10	487,882.30	500,736.90				

単位: 10億円

第9図(2)「ドル建て購買力平価で見た国民総生産(GDP)」

購買力平価は、「為替レートは2国間の物価上昇率の比で決定する」という観点により、インフレ格差から物価を均衡させる為替相場を算出している。各国の物価水準の差を修正し、より実質的な比較ができるとされている。

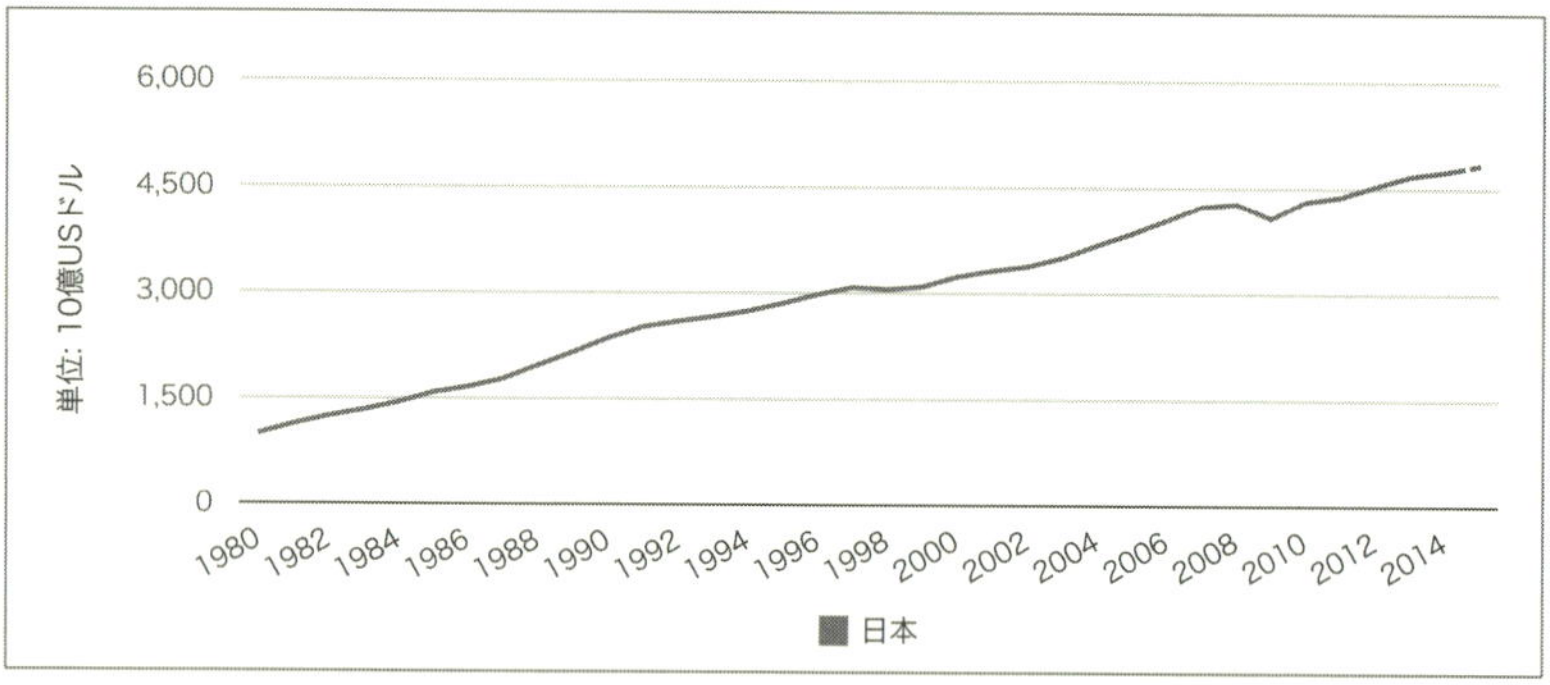

年	1980	1981	1982	1983	1984	1985	1986	1987	1988	1989
	996.74	1,135.32	1,246.48	1,335.34	1,444.45	1,585.09	1,662.82	1,775.31	1,968.77	2,155.16
年	1990	1991	1992	1993	1994	1995	1996	1997	1998	1999
	2,359.41	2,518.99	2,597.52	2,663.86	2,744.05	2,855.69	2,983.71	3,083.22	3,054.24	3,094.80
年	2000	2001	2002	2003	2004	2005	2006	2007	2008	2009
	3,236.67	3,322.20	3,382.97	3,508.57	3,690.16	3,858.50	4,044.39	4,243.03	4,281.20	4,075.29
年	2010	2011	2012	2013	2014	2015				
	4,316.98	4,386.15	4,543.20	4,685.29	4,750.77	4,843.07				

単位: 10億USドル

※ 数値 はIMFによる2015年4月時点の推計

※SNA(国民経済計算マニュアル)に基づいたデータ

ること。そうして、残念ながら国民の皆さんが間違った選択をしたことを承知の上で、太陽光発電などの高価な電力（Ｋｗｈ）を、地域別の特色を踏まえながら、「総合エネルギー事業」にみんなで取り組んでいくしかないように思います。

第２節　何故ポツダム政令で戦後の電力システムが出来上ったか

日本が、米英を中心とした連合軍に敗れ、ＧＨＱ（連合国軍最高司令官総司令部、総司令官マッカーサー元帥）の統治下に置かれた時、すなわち昭和20年（１９４５）末以来、極めて重要な政治的政策課題となったのが、戦時中軍閥官僚が、発送電を分離して国営化したわが国の電気事業体制、すなわち今後「日本の電力システムをどのように組むのが最も役立つものになるか」ということでした。

従来の「軍事遂行のために役立つ電力システム」から、「民主主義下の国民生活と産業のために役立つ電力システム」への、大きな転換という大前提があったことは言うまでもありません。

こうした中、最終的に決断したのは、すでに述べた通り連合国軍だったのです。すなわち、昭和26年（１９５１）５月、米軍を中心とした連合国軍が支配する中で、戦後の今日まで70年間続く、日本の電気事業の再編成が行われました。

では、何故そういうことが行われたのでしょうか？　もう一度、くどいようですが振り返ってみたいと思います。

◇5つの理由

●理由は、以下の通り5つありました。

1つ目は、国家官僚および旧日本発送電株式会社の幹部が、執拗に中央支配のための電源と送電網ネットワークを、私企業の民営電力会社とは別に、独立して創りたいと国会（帝国議会）の政治家を動かして主張していたこと。

2つ目は、昭和25年（1950）6月25日に朝鮮戦争が勃発し、日本の産業復興とそのための電気事業再建が喫緊の課題となったこと。

3つ目は、当時電気事業の再編に対し、政界・官界・財界・学会などから、勝手に利己的な要請も含め、多数雑多な諸案が出されて収拾がつかない状況になっていたこと。

4つ目は、民営の電力会社で無い、国家運営型の電力会社（電力融通会社）が並立する再編制では、「非効率である」という理由でアメリカからの金融的支援が不可能になる懸念があると、ＧＨＱが申し立てたこと。

５つ目は、戦前の長い間の経験から、電力の供給は民営でなければならないが、完全競争では無駄が多い。寡占状態に近い、電力の特性を生かした地域別一貫供給体制が、最も国民への安定供給に資すると考えたこと。

このように、当時のＧＨＱが採用した判断が、最も私は重要だと思っていますが、なにしろこの頃からすでに当時の日本人にとっては、電力は無くてはならない重要なライフラインだったのです。

少くとも、こうした５つの理由があったため、ＧＨＱは最も自分たちの考え方に近かった、通商産業省の外局「公益事業委員会」委員長代理だった松永安左ヱ門の案を基に、最終的に「ポツダム政令」により九地域別に事業を展開する、発送配電系統一貫の民営の電力会社の設立を、早々に行うよう命じたのです。

こうして、電気事業の再編成は決着しました。

昭和26年（１９５１年）６月１日、九州から北海道まで地域別に９つの電力会社が発足しました。
（注）その後、沖縄に電力会社が出来ましたので、現在は10電力体制になっております。

●しかし、こうした純粋民営化に反対していた官僚や国営だった旧日本発送電会社の首脳たちは、その後も執拗に何とかして自分たちの権益を残そうと努力します。

それが、再編成の翌年、昭和27年7月31日当時の帝国議会閉会最終日に成立した「電源開発促進法」であり、この法律に基づき電源開発株式会社が設立されました。

しかも、この法律は3年間の時限立法でした。

しかしながら、一度組織が出来ると官僚は、絶対にそれを維持発展させようとします。その後は、官僚の重要な天下り先として温存してきました。もちろん、名目は当初は只見川など奥地の厳しい水力発電を、アメリカの「ＴＶＡ」を模倣するようなことで積極開発したりしておりました。

ところが、徐々に水力だけでなく火力発電から原子力発電所（北海道の大間々）まで開発する大会社に発展し、さらに最近では純民間卸売会社に衣替えしています。しかし、今回の法律で電力が完全自由化されると、この卸売会社も、自分が発電した電力（Ｋｗｈ）を直接小売りすることが出来ることになります。

さて説明が元に戻りますが、このように、戦後の電力再編制の折りも同じように官僚たちは、徹底抵抗を試みたのです。

●未だ日米平和条約締結前でもあり、特に（この後直ぐに詳しく述べますが）今まで電力システムの基幹部分（発送電ネットワーク）を、全て支配していた国営電力会社の旧日本発送電株式会社と逓信省（戦後は通産省）の官僚から、「何としてもわが国全発電能力（昭和20年度末1038万ＫＷ）の36・４％（約377万ＫＷ）を、日本全国の電力（Ｋｗｈ）が不安定にならないよう需給調整のため、《融通電力》として〈基幹送電ネットワーク〉と共に《国に於いて確保したい》」との、強い要請が執拗になされて居りました。

（注）上述の全国発電能力のうち、今迄旧日本発送電㈱が保持していた分に直すと、42％になると言うことでした。昭和23年（1948）から26年（1951）に掛けてのことです。

この考えは、当然のことですが国営の旧日本発送電株式会社の復活論です。

明治時代にわが国に電力会社が作られて以来、電気事業は民間で責任を持って運営されていましたが、国家総動員法の下で初めて全てを国営にした時、行政官僚はそのうま味に気付いたのでしょう。

そこで、敗戦後も出来れば電気事業を、官僚たちが直接治めることが出来る道を、何としても残したかったのだと私は考えております。

少し諄いようですが、もう一度整理して述べておきます。

●そのポイントは、再編制の折りに「国家行政の関与を残すべし」という意見と、国の関与を排除して飽くまでこの時まで戦前63年間の歴史的な電気事業の経過を勘案し、「民間に電力システムの運用を全て任せるべし」という意見が、対立していたということです。

こうしてむしろ外圧、すなわちＧＨＱ主導で、松永安左ヱ門が主張して止まなかった、《日本の民間電力専門家プロ集団》の考え方を踏まえた、９地域別に私企業の電力会社を、『発送配電系統一貫で供給販売体制』を組むべし、ということで決定したという次第です。

次いで、もう一つ重要なことを説明しておきましょう。

◇敗戦後の電力再編成は「地域別発送配電一貫体制」が《最適電力システム》と気づいた電力のプロ（経営者・技術者）たち

ここで是非知って頂きたいのは、次の点です。

※先ず第1に知って頂きたいのは、日本では西欧社会と違って始めから電気事業は、長い間「私企業」の競争社会で運営されていたということです。

日本に於いては明治15年（1882）に、渋沢栄一が興した東京電燈株式会社が嚆矢となって電気事業が始まりました。

それ以来、戦前の軍事政権によって国営電力会社が出来るまで、約60年の間、電気事業は全て私企業・民営によって行われて居りました。

●第1は、「電力システム」は、わが国に於いては、地域別の発送電一貫体制しか無いと、内外の関係者により《経済的》かつ《物理的》に、認定されたことです。

それは、明治15年（1882）すなわち133年前、日本人が「電力（Kwh）」を商品として使い始めて以来、今日までの以下のような長い歴史の経験則が産み出したものです。

その歴史的経験の流れを、要約して示します。

「電力（Kwh）」という近代文明の利器（発電設備）をいち早く輸入→自主開発→民営電力会社設立→電力会社乱立→競争激化→寡占化→地域別発送配電系統一貫化となった訳です。

（注）この点は、すでに第1章で述べましたが、念のためにもう一度取り上げてみます。

●すなわち、明治初期（15年）から約40年間に亘っての自由競争の中で、漸く昭和10年前後に至って、結局は「地域別発送配電の一貫体制」が、わが国の電気事業体制として《最も相応しい》ということになり、当時、電力業界の総合的な組織団体であった「電力連盟」が、認知しておりました。

もちろん、自由競争下における「寡占化」の弊害を、完全に除去することは不可能でした。しかしながら、上記の電力連盟も協力して、例えば「5大電力」よる、地域間競争の弊害が国民生活や産業に生じないよう、種々の提言や首脳同士の話し合いなどが行われて居りました。

（注）このような、戦前の自由競争の弊害を無くそうと考え、松永安左ヱ門をはじめとする電力経営陣が打ち出したのが、9電力による地域別発送配電一貫体制でした。

ところが、昭和14年（1939）軍国主義下**↓電力国営化（日本発送電㈱設立）**となり、電力連盟の努力が水泡に帰してしまいました。

●しかしながら、この昭和14年から昭和25年までの11年間の《電力国営化》の非効率的・非生産的な国家官僚により「独占」的に行なわれた電気事業運営の問題は、戦後の電力再編成を実施した松永安左ヱ門たちにとって、真に貴重な反省材料だったといえます。

そして、すでに述べたようなGHQの判断も、松永たちと同じであり昭和25年に勃発した朝鮮戦争という社会的情勢をも踏まえて、ポツダム政令により再編成が行われたわけです。

↓民営化・地域別発送電系統一貫システム確立（9電力会社体制）

どうして、そういう電気事業体制が良いのか？

●その理由は、海に囲まれた「無資源国」で「細長い島国日本」が、電力（Ｋｗｈ）という特殊な商品を、低廉・安定・安全に利用するには、有効な〈賞味期限〉とでも言うべき、「最低ロス率」で電力が使えるという〝地産地消〟の《地域別発送配電一貫体制》で、発電（生産）し輸送（送電）して消費するのが、最も優れた『日本における電力システム』であるということになった、ということです。

この点が、最も重要なポイントの一つです。

◇「電力を支配すれば国家を支配できる」と気づいた官僚たち
——戦時中の官僚たちの成果

官僚が何時、具体的にそのことに気付いたかと言えば、それこそ正に日本で初めて国営の大電力会社「日本発送電㈱」が、昭和13年（１９３８）４月に成立した国家総動員法を受けて、次の年昭和14年（１９３９）４月に発足した時です。

この時、民営電力会社約４００社で作られていた電力連盟が解散させられ、民営会社は、ヒト・モノ・カネの全てを、国営電力会社「日本発送電㈱」に引き渡しました。

すなわち、民営会社の全ての資産と株式などは、国債を発行して国が全てを買い取ったわけです。

●ところで、ここまでに至る電力連盟と軍閥および逓信省官僚との葛藤を、読者の皆さんが詳しく知れば知るほど、今回の福島原子力発電所の大地震と巨大津波によって事故を起したことから、民主党政権下で始まった、「電力解体方針」の進め方ととても良く似ているなと思われるでしょう。

●ただやや違うなと思われるのは、次の点です。

すなわち、戦前の電力国営化が「全ての電力を戦時体制に供出するため」という、明確な国家目的があったことです。

これに対し、現在進められている「発送電インフラネットワークを、電力会社から切り離し（国家が）一括管理運営する」のは、「７００社にも及ぶ発電事業者の市場競争で公平に使わせるため」という、いわゆる市場競争を主眼とした点です。

しかし、共通している点が在ります。それは、いずれの場合も官僚軍団が嬉々として活躍出来るという点です。

もちろん戦前の国家総動員法の下での官僚の活躍は、国民の立場では無く（しかし言葉《口先》は、飽くまでわが国家の同胞と国家を守るということでしょうが）、戦争に勝つために民間すなわち国民が電力（Ｋｗｈ）を使用するのを、厳しく制限するために、官僚は上述したように嬉々として働いたわけです。

●もちろん、効率的な電力の使用などと言うことは、全く念頭に在りませんでした。

例えば「第10図の（1）」は、戦時中の送電ロス率の一覧表ですが、ご覧の通り、送電だけで平均約11〜12％以上にもおよぶ電力（Ｋｗｈ）の損失を出しております。多分配電部門を加算すると、15％以上にも及ぶものだったのではないでしょうか。

その理由は、いうまでも無く全国を一つの会社で統制し、電力の効率利用などはお構いなしに、とにかく軍事目的最優先に生産（発電）と輸送（送電）と販売（配電）を行っていたからです。

●しかし、この時、官僚たちは初めて、電力の独占支配を手にすれば、国家を支配するのと同じだと強く意識したことは間違いないでしょう。

上意下達の伝統を背中にしているわが国の官僚軍団は、縦割りの組織に固執すると同時に、その組織を如何に拡大していくかに本能的に力を注ぎました。特に、そうした官僚組織のトップに立ったエリート達は、チャンスを見付ければその組織の全軍を動員して、懸命に目的を達成しようとします。

第10図(1)　戦時中(日本発送電㈱)当時の送電ロス率と現在の比較

(説明)下記日本発送電の数字は、「送電」のみであり、配電部門のロスを入れると、1%程度さらに上昇するといえます

日本発送電の送電損失率(1939年～45年度)

(単位：%)

	全　国	九　州
1939年度	12.2	9.9
40	12.8	10.9
41	12.1	11.6
42	11.2	10.3
43	11.1	10.9
44	11.4	11.5
45	12.1	12.4

(出典)　前掲『日本発送電社史　技術編』
(注)　日本発送電調査部総括課「日本発送電株式会社送電損失率表」1948年6月によると、44年度の全国の損失率は11.6%、九州の損失率は11.7%である

中部電力の送配電ロス率の推移

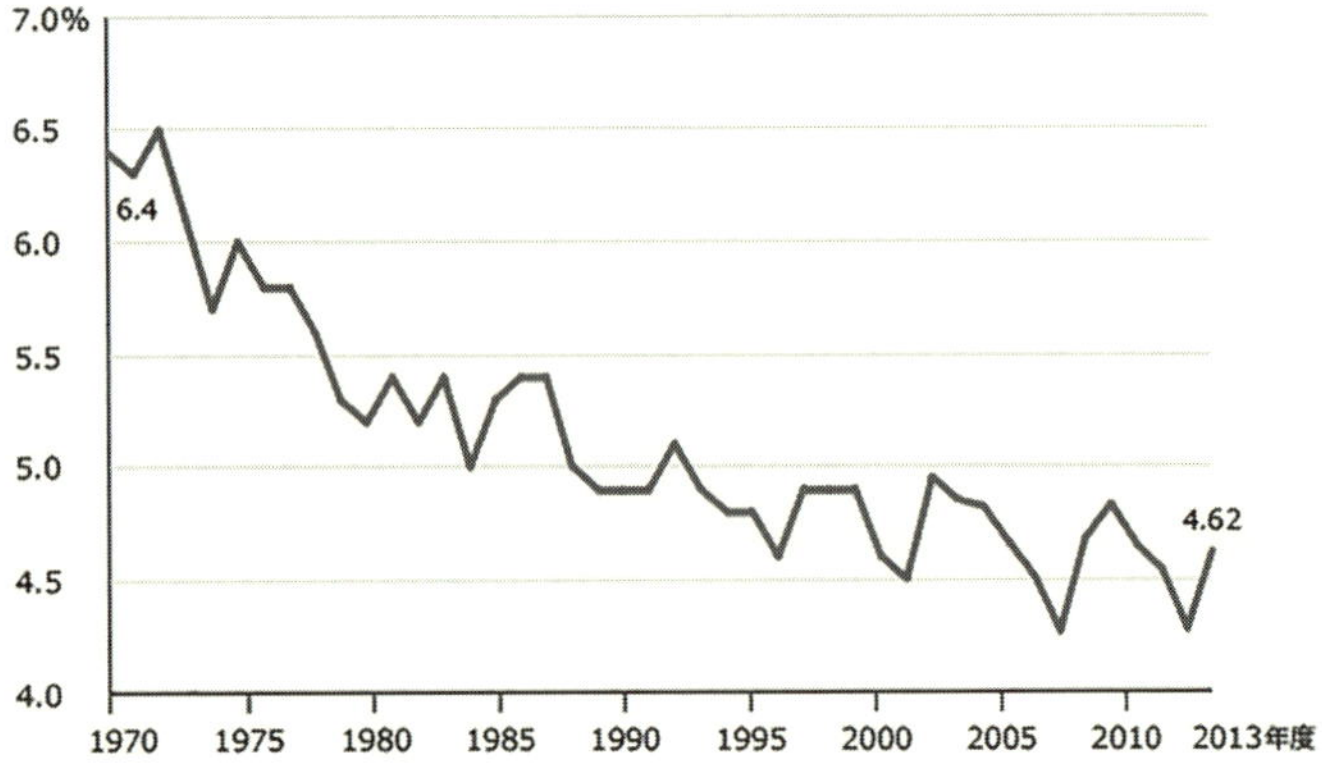

(資料)中部電力㈱のホームページより

第10図(2)　送配電ロス率の国際比較

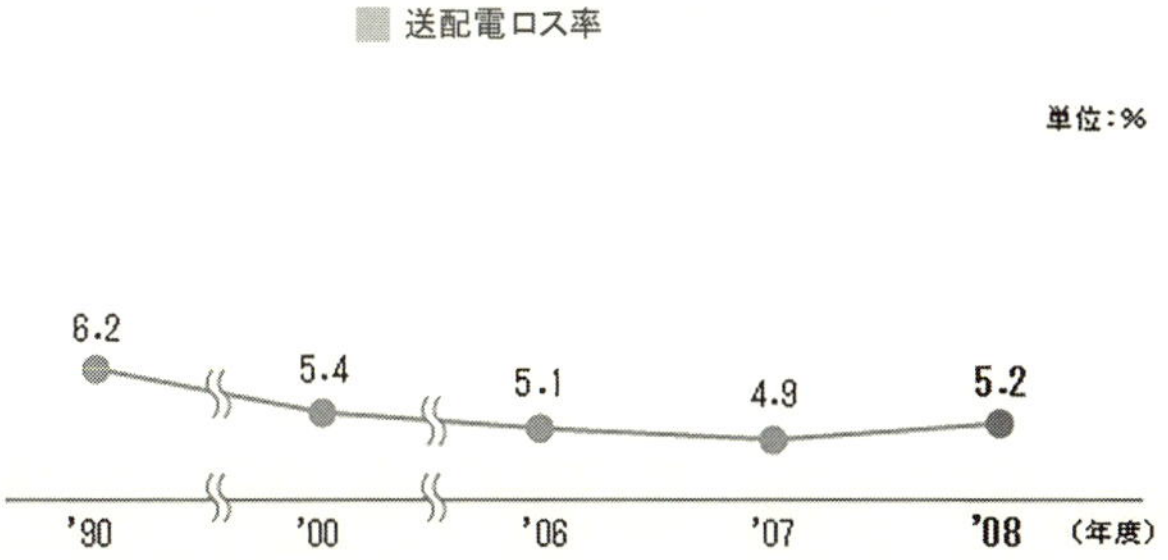

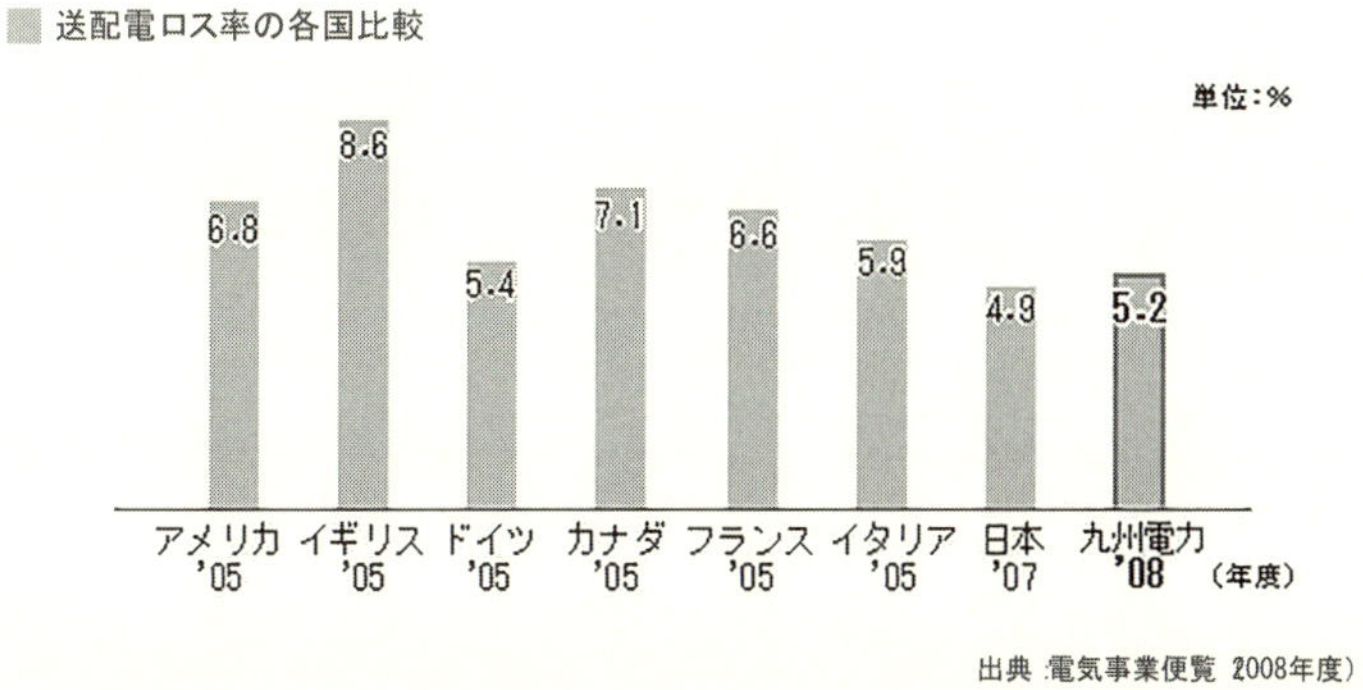

(資料)九州電力㈱のホームページより

私は未だ17、8歳の少年でしたが、敗戦直後の内務省から建設省に変わったばかりの中央官庁組織の本丸（後に人事院ビル、現在の総務省）の中で、約1年半ほど職住を若い官僚たちと共に過ごした経験があります。父親と共に、焼け野原の東京で住むところも無く、あの本丸に住み、高校生ながらアルバイトもしたというわけです。

当時は大勢の餓死者が出る中、食糧増産が国家最大の課題でした。道路の復旧や河川の氾濫を防ぐための堤防や橋梁の増築・補強が、政治の重要なターゲットでしたので、官僚たちは如何にして大蔵省から要求通り予算を獲得して来るかに、力を注いでいました。

私は偶々、最高学府を出て入省間もない、とても人柄のよい若い官僚のAさんと製図台の上に敷いた布団と蚊帳の中で、ひと夏一緒に過ごしました。その人は国会開催中には、殆ど徹夜で仕事をしていましたので、何も判らないまま自然体で色々と手伝いをしました。もちろん中味は全く判りませんし、本当の手伝いなど出来ません。要するに、その方が書いたものを謄写版で刷ったり、それを封筒に入れて色々な役所内の関係カ所に持って行ったり、あるいは国会議員の部屋に届けたりというようなことです。またある時は、その方が会議室で報告されると言うので、そのための大きな地図とか書類を、その場所に運んだりもしました。

しかし一番印象に残っているのは、その若い官僚Aさんが上司の方と大蔵省に説明に行くのに偶々20名ほど居た同じ部屋のみんなが出払っていて、書類を持って付いていく者が居なかったとき、そこで、私が下っ端役人に成り済まして連れて行かれた時のことです。中味は判りませんが、何かお土産のようなものが入った袋と、もう一方の手には、大きなこれまた分厚い書類の入った風呂敷包みを持たされて一緒に付いていきました。

今でも思い出しますが、大蔵省の廊下でかなり長い時間待たされた上、中に入ると大きな部屋の壁側にズラリと役人机が在りました。一人一人の机の前に、説明に来た色々な役所の人たちが取り囲んでいます。多いところは7、8人の人が取り囲んで懸命に説明しています。順番が来て、或る中年の役人の前に行き、丁寧にあいさつした後、説明が始まりましたが、Aさんたちの話を遮って大蔵省の役人が言いました。

「説明はもう要らない。結論はどうなの」とたたみ掛けました。

すでに何回か出した内容を、修正して書類を持ってきたところだったようです。何とそれが今朝方、私が謄写版で刷って差し上げた書類でした。頻りに、利根川とか栗橋という言葉が交わされたのを覚えております。

後で判ったことですが、河川の改修をするための予算を要求する説明のようでしたが、当時は何の事だか判るわけがありません。

「こんなの駄目だと言ったでしょう。この半分に削りなさい」と大蔵官僚が一方的に発言すると、暫く間をおいてAさんが言いました。

「そんな額では、堤防の半分以下しか造れません。台風が来て流れたら、この予算が全て無駄になります」

上司の方とAさんが必死に訴えていました。すると大蔵官僚が、大声で言いました。

「国家予算の相当部分が、君たちに使われているんだよ。私が、駄目といったら駄目だよ。はい、次は……」

その時でした。Aさんがつと立ち上がって、大声をだして言いました。

「私は、うちの大臣の代理で来ています。大蔵大臣が、直接駄目といわれるのなら仕方ありませんが、この予算が付かないで大洪水を引き起したら、責任はあなた方が取って頂きますよ。そううちの大臣に、直接報告しますがそれでいいですね」

もちろん、大臣などから言われた訳でも何でも在りません。

こうして、今の金額だと多分何百億円かの予算を、とうとう認めさせたようでした。

このAさんは、後に次官に成りますが、私も時々ご自宅にも遊びに行ったりして大変お世話になりました。しかし、そんな時私が昔話に「ずーっと何十年も前のことですが、予算案を要求するため大蔵省に行かれた折り、私が一度お供したことがありましたね」と、その話を話題にすると、Aさんは、暫く思い出を手繰って居られた様子でしたが、ポツリと次のように言われました。

「そんなことがありましたかね……われわれ役人は、常に〈省益〉ということを考えますからね。あの頃の私は、正にそれしか無かったようだね」

天井の方を向いて、いわれたその言い方が、とても印象的でしたから、今でも脳裏にAさんの顔が浮かびます。そして最近、段々にその言い方が気になっています。何を言いたいかといえば、Aさんの言葉の中に「国民のため」という言葉が無かったのが残念だと最近、益々思うようになっているのです。

以上の事例は、正に個人的なことです。ですから、余り適切では無いかも知れません。しかし私はAさんという人が、私の見る限りとても立派な人格者だと思っているだけに、「国民のため」では無く「省益」と言われたのが、残念でなりません。

●もう一度述べれば、官僚集団における係長クラスの者が、国家社会のためにしっかりと頑張っていることは間違いありません。しかし、そこでの官僚たちの目的意識は、一見「民衆

の為」「国家の為」と言いながら、結局は自分たち組織集団の勢力を維持発展させるために、彼らは本能的に動いているということです。

第3節　オイルショック後一層強まった「電力支配の欲望」

◇わが国エネルギーの国家的危機《第2段階》の始まり
――それは、電力への官僚支配の目覚め

第8図（90頁）で先に示した通り無資源国だった日本が、戦後の経済を大きく立ち直らせることが出来たのは、アメリカをリーダーとする資本主義と民主主義に立脚した集団が、共産主義ないし社会主義により国家を成りたたせていた、ソビエト連邦（当時）を中心とした集団に対抗するため、日本を支援し重要な近代資本主義国家に育ってもらいたいと考えたことが、大きな要因だったと言えます。

そうした中で、わが国の優秀な官僚軍団は政治外交の実質的な推進者として、徐々に力を付けて行きました。

ここでは、行政官僚たちがどのように電気事業の支配に、意欲を燃やしていたかに絞っ

て、ポイントだけ説明して置きます。

今から42年前の昭和48年（１９７３）それまでバーレル当たり1ドルか2ドルだった原油価格が、一挙に20倍さらに50倍へと上昇しました。理由は、簡単です。今までシェルとかモービルというような、欧米の石油会社（「国際石油資本」と呼んだりします）の言いなりに成っていた、石油の産出国であるサウジアラビアやアラブ首長国連邦、それにイラン、イラク、クウェート、さらにはインドネシアなどが「石油輸出国機構（ＯＰＥＣ）」というカルテル組織を作りました。その上で、「もう言いなりにならない。石油の値段はわれわれが決める」「もし、認めないなら、石油は売らない。輸出しない」と述べ、一方的に値段を上げてきたためです。しかも、戦火を交えても良いという強行な姿勢でした。

結局、日本をはじめ先進国が折れて、値上げは止むを得ないとの方向となりましたが、しかしこうした原油価格の上昇で、一般の諸物価が高騰し企業倒産も増え出しておりました。最も被害を蒙ったのは、電力会社です。電気料金の値上げと原油備蓄が、先ず解決すべき課題でした。

電力会社に対しては、この電気料金の改定に於いて、あらゆる消費者や産業、特に中小企業者から猛烈な反発が出て来ました。結論は「企業倒産が起きるような電気料金の値上げは絶対に困る」という主張でした。しかし、輸入する原油価格がどんどん値上がりしているのに、その価格転嫁が出来ないなら、公益事業であり国民生活ライフラインである電力を供給する電力会社が赤字倒産しかねません。

●許認可権を持っている行政官庁は、当然、電力会社と電力の利用者である消費者（国民と産業界）との仲介役でもあります。要するに、今迄は殆ど電力会社に対して、行政の采配が振るえなかった官僚が、俄かに世の中から重要視されるようになったといっても過言ではありません。

◇「オイルショック」という電力エネルギー問題の第2段階

今から42年前になりますが、昭和48年10月、ＯＰＥＣは遂に日本を含む先進国を中心に石油を彼らから輸入している国々に対して「禁輸措置」を発表しました。アラブ諸国は、もしも石油の輸送を図ろうとしたら、それを阻止するため戦闘も辞さないという強硬姿勢でした。

よって、上記のように今までわが国では考えてもいなかった、「石油の備蓄」の必要が緊急に論じられました。また、サウジアラビアやクウェートのような日本と親交のある穏健派といわれる国との外交交渉が、積極的に行なわれました。

これは、わが国のこれまでの歴史を見れば、戦後42年目に訪れた電力エネルギー問題の「第2の危機」だったと言えます。

国民は、トイレットペーパーが無くなると言う風評まで生じて、今でいう量販店やスーパーやデパートなどに駈けこんで、日用品を買い漁りました。

もちろん、この時、原油価格が数倍、さらに数十倍に上昇したため、電気料金が大幅に値上がりし、ライフラインである電力（Ｋｗｈ）の利用について、国民生活に大変な圧力が生じたことは間違いありません。

●こうして、漸くエネルギー無資源国日本は、このままではどうにもならないという危機感が生じて来ました。原子力発電所は、僅かな燃料資源で膨大な電力（Ｋｗｈ）を得ることが出来る。これを、「準国産資源」ということで、これから大いに開発して行くべきだ。「石油が途絶えた時に、原子力があれば助かる」という国民世論が徐々に増えて行きました。

こうして、わが国のライフラインを確保するために、各地の電力会社がどうしても準国産資源である原子力発電所を早急に開発して行くべきだという事になったのです。もちろん、鈴木・大平・中曽根各内閣は、閣議決定を行うと同時に「官僚と電力会社やメーカー」にはっぱをかけて、目的達成に邁進して行くことになります。

◇原子力大国を目指し始めた国家官僚の躍動

第11図は、わが国にこの約40年間に亘って建設されていった原子力発電所の発展状況を示したものですが、ご覧の通り急激に増えるのが、昭和50年（１９７５）年頃からです。

それは、言うまでも無くオイルショックによって、わが国への石油や天然ガスなど電力（Ｋｗｈ）の燃料となる輸入資源が途絶える危険がある。その時、心配しなくてよいのは、僅かなウラン資源で石油の場合の電気への転換率が、10倍以上にもなる原子力発電があれば、心配は要らなくなるという国家国民の合意が出来上がったからでした。

しかし、この時、国家の官僚は大変大きな電力会社に対する監督支配権を手に入れたことになります。原子力発電の燃料のウランの平和利用については、特別に国際原子力機構（ＩＡＥＡ）の強い規制と監視監督が必要であり、かつ原子力発電所の運転に当たっては、放射性物質の危険を抑制するため、きめ細かなチェックを常時行うことが必要だからです。

役人は、こうして技術的な面ででも、電力会社を支配することに大きな前進を図ったことになります。

第11図　わが国原子力発電所建設(運開)の時系列図

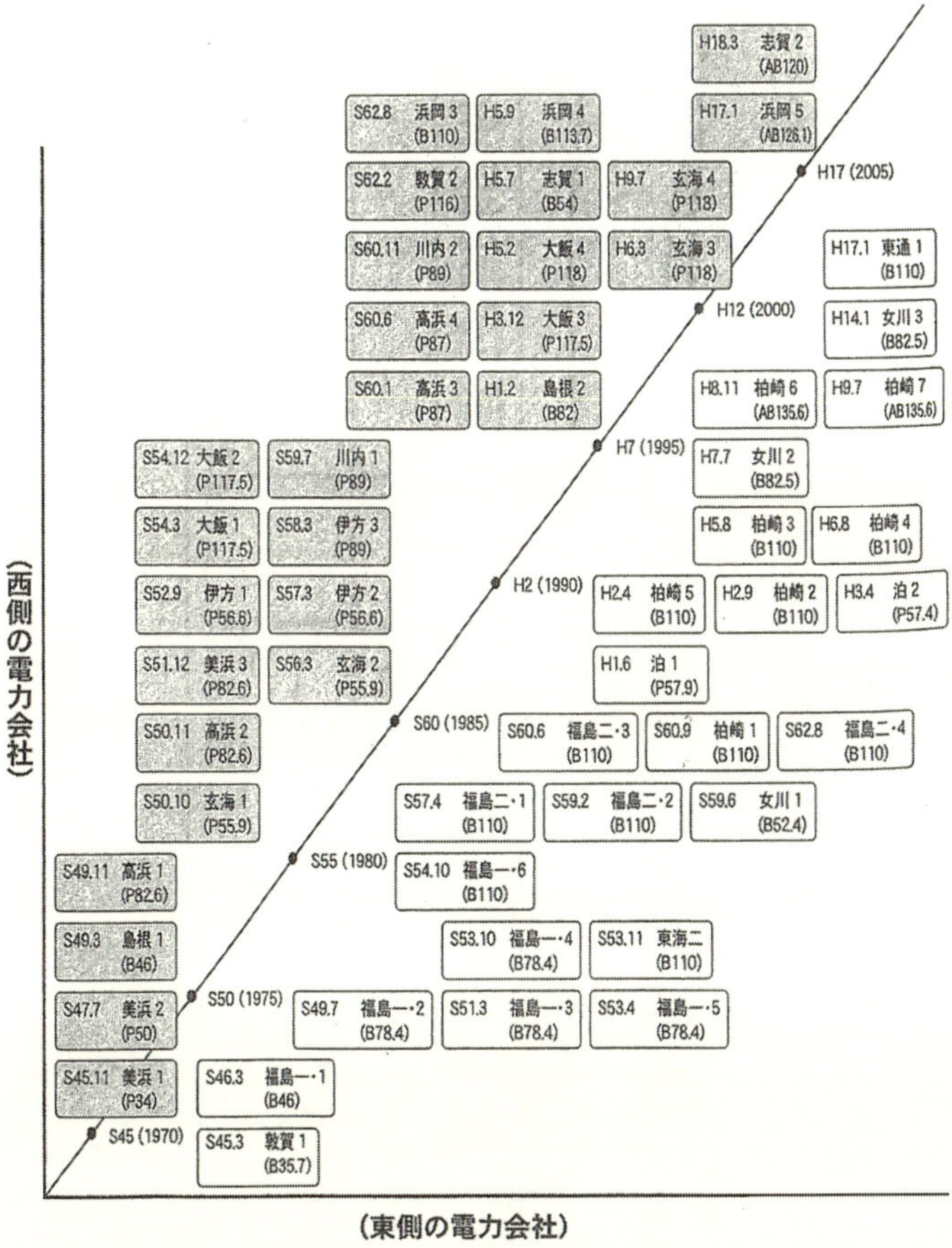
H18.3 志賀2 (AB120)
S62.8 浜岡3 (B110)
H5.9 浜岡4 (B113.7)
H17.1 浜岡5 (AB126.1)
S62.2 敦賀2 (P116)
H5.7 志賀1 (B54)
H9.7 玄海4 (P118)
H17 (2005)
S60.11 川内2 (P89)
H5.2 大飯4 (P118)
H6.3 玄海3 (P118)
H17.1 東通1 (B110)
S60.6 高浜4 (P87)
H3.12 大飯3 (P117.5)
H12 (2000)
H14.1 女川3 (B82.5)
S60.1 高浜3 (P87)
H1.2 島根2 (B82)
H8.11 柏崎6 (AB135.6)
H9.7 柏崎7 (AB135.6)
S54.12 大飯2 (P117.5)
S59.7 川内1 (P89)
H7 (1995)
H7.7 女川2 (B82.5)
S54.3 大飯1 (P117.5)
S58.3 伊方3 (P89)
H5.8 柏崎3 (B110)
H6.8 柏崎4 (B110)
S52.9 伊方1 (P56.6)
S57.3 伊方2 (P56.6)
H2 (1990)
H2.4 柏崎5 (B110)
H2.9 柏崎2 (B110)
H3.4 泊2 (P57.4)
S51.12 美浜3 (P82.6)
S56.3 玄海2 (P55.9)
H1.6 泊1 (P57.9)
S50.11 高浜2 (P82.6)
S60 (1985)
S60.6 福島二・3 (B110)
S60.9 柏崎1 (B110)
S62.8 福島二・4 (B110)
S50.10 玄海1 (P55.9)
S57.4 福島二・1 (B110)
S59.2 福島二・2 (B110)
S59.6 女川1 (B52.4)
S49.11 高浜1 (P82.6)
S55 (1980)
S54.10 福島一・6 (B110)
S49.3 島根1 (B46)
S53.10 福島一・4 (B78.4)
S53.11 東海二 (B110)
S47.7 美浜2 (P50)
S50 (1975)
S49.7 福島一・2 (B78.4)
S51.3 福島一・3 (B78.4)
S53.4 福島一・5 (B78.4)
S45.11 美浜1 (P34)
S46.3 福島一・1 (B46)
S45 (1970)
S45.3 敦賀1 (B35.7)
(西側の電力会社)
(東側の電力会社)

(資料)石原進、土屋直知、永野芳宣他共著
「クリーンエネルギー国家の戦略的構築」
(財界研究所)59頁より引用

第４節　官僚たちの勝ち鬨と日本のエネルギー危機（第３段階）の始まり
――リーディングカンパニー東電の没落

◇戦時中の電力支配を復活させたい官僚

すでに述べた通り、70年前の敗戦後の電気事業再編成に当たって、官僚軍団は懸命に電源と送電線の約４割を確保し、行政の支配力をこれからも維持して行こうと画策しました。その野望は、連合国軍総司令部（ＧＨＱ）の方針でポツダム政令により潰されましたが、それでも執拗に意欲を燃やし、昭和26年５月に９つの民営電力会社が発足した翌年11月、電源開発株式会社が発足して、とうとう官僚の地歩を確保しました。

それは、戦時中の国営電力会社「日本発送電株式会社」の運用が、如何にも十分に「重要な国家支配の手段になる」と、認識したからではないかといえます。

要するに当時から、すでに国民生活に於いてもまた産業の振興に於いても、「電力」は重要なライフラインであり、同時に重要な国家の安全を守るセキュリティの維持確保手段だと考えられるようになっていたためだったと言えます。

国家の行方を左右出来るような、こんな重要なものをコントロールしたい。このためその後、あらゆる場面で「電気事業法」を楯に、官僚は電力行政を自らコントロールすることを求めて来ました。

◇平成23年以降牙を剥いた官僚軍団

私の知る限り、戦後の電力行政は紆余曲折はありますが、電力という商品はあくまで、一般の生産物とは全く違うライフラインだという認識があり、そのために電気事業法が備えられており、資本主義の世の中だからといって市場で金融商品のように売り買いをするようなものでは無い、と考えられてきたと思います。

このため、行政官僚は電力事業者の団体である電気事業連合会の代表者、すなわちリーディングカンパニーの東京電力の幹部と長年に亘り、「電力商品」の扱いについて意見交換を行い、的確な運営の道筋を作り上げて来たと言えます。

それは正に、プロの事業会社であるからこそ、こうしたことが許されていたからです。別の言い方をすれば、電力（Ｋｗｈ）という商品が、民間会社が生産している商品ではあっても、公益的なライフラインに等しいものからだと考えなければなりません。

その上で例えば、今から13年前の平成14年6月14日に成立した「エネルギー政策基本法」を踏まえて、次の年（平成15年2月18日）に、官僚と国民の各界代表者と電力会社の幹部などが合意した「今後の望ましい電気事業制度の骨格について」（総合資源エネルギー調査会電気事業分科会報告）では、十分に電力会社のプロの経営活動を評価し、官僚もそれを支援していくことが述べられています。すなわち「電力会社の地域別発送配電系統一貫システム」は、電力安定供給の基本だと謳っておりました。

ところが、平成23年（２０１１）3月11日に発生した大地震と巨大津波により、東京電力福島第一原子力発電所の3基が、結論的にメルトダウンを起こし放射性物質が飛び散ったということから、突然に電力会社が悪役に一方的にされて以来、官僚軍団は政治を動かしマスコミを動員して、完全に電力会社側の発言や意見を抹殺してしてしまいました。全く民主々義のルールが無視されてしまったのです。これは単に電力の問題というよりも日本のエネルギー〝危機の第3段階〟の始りでもあると私は思っています。

東京電力というリーディングカンパニーが逆に国家の財政的支援を受け完全に官僚に支配されたことから、電力会社側のプロ集団の意見ないし行動は、殆ど政治行政の欲しい儘にコントロールされている状況下になってしまったのです。

要するに官僚軍団は、電力という商品の処理をコントロールするため、《表面》は、「電力会社の電力商品の独占生産販売権を、市場に開放し誰でも自由取引するようにする」というのが、今回の発送配電分離を前提とするというものです。すなわち、金融商品と同じように、市場で自由に電力（Ｋｗｈ）を先物取引しようというものです。

●しかし《実態》は、国家国民のライフラインとさえ昔から考えられてきた「電力」という商品が、このようにランダムに取引されることになれば、当然ながら多くのリスクが伴うため、結局は市場活動機能だけでは不可能であります。そうだとすれば、政府行政の対応が無ければ、国民の安全は確保出来ないでしょう。テロやサイバー攻撃に晒される危険性は、自由取引になればなるほど確実に増えるでしょう。

完全に、官僚の活躍の場が広がるということです。

読者のみなさんは、電力が自由化されればとても良いことが訪れるという、一般的な感想をお持ちかも知れません。しかし、実態はこうしたとんでも無いことが生じる可能性があるということです。

●こう考えると、もう一度原点に返って、電力（Ｋｗｈ）という特殊商品の意味合いを考え、いま官僚軍団が行なおうとしていることが日本国土にたいへんな混乱と危険を齎す可能

性があると認識すべきです。

すでに述べたように改革法が成立したと言う事は、国民の意志です。だから、法の趣旨に従って上記のような予想される混乱が生じないように、しなければなりません。

行政官僚の皆さんは、今まで徹底的に排除して来た電力会社のプロ集団を是非、前面に戻して、公平に見解を聞き、官民が共生協調しながら、この国難とも言える難しい課題を乗り越えて行く必要が在ります。電力会社も、国家と国民のために、プロとしての正しい主張を堂々と行うべきだと思います。マスメディアの人たちも、このことの重要性を是非とも国民に判り易く解説し説明していく義務が在るのではないでしょうか。報道の自由という権利の一方に、こうした義務が在ることを是非とも果していただきたいと思います。

第5章　「恐怖の法則」を終焉せよ

この章の要旨

ウクライナのチェルノブイリ原発の暴走事故で、強烈な放射能を浴びて大勢の人が亡くなりました。また、数十万人もの人たちが同じく放射能を浴びたり、家を追われたり、失業したりしました。隣接する多くのヨーロッパ諸国が原子力発電忌避に走りました。今でも被害者たちは深刻な痛手を抱えたままだといわれます。

だが、当事国のウクライナをはじめ、殆どのヨーロッパ各国は数年経つとすっかり立ち直りました。フランス、イギリス、チェコ、スロバキア等をはじめ各国の方針は、今やその痛手を乗り越えて新しい原子力の平和利用を積極的に推進しようとしています。原子力を安全に運転し電気料金の引き下げと地球温暖化への貢献は、原子力発電の電力（Ｋｗｈ）しかないことが判っているからです。

一方わが国は、どうしたことでしょうか。４年前起きた未曾有の東日本大震災が齎した巨大地震と津波で、電源を喪失した福島第一原子力発電所が事故に巻き込まれ、水素爆発や炉心溶融を生じたため、放射性物質が空気中に飛び散りました。その恐怖症が日本中を襲い、全く関係ない地域の原子力発電の再稼働も侭ならぬ状況です。

ここでは、チェルノブイリ事故と福島の事故は全く異なること。しかも、ヨーロッパの人たちの事故の「恐怖を乗り切る状況」を紹介し、私たち日本人が「恐怖の法則」から早く立ち直り、無資源国日本が継続的に生きていく覚悟を、固めて貰いたいと思います。

第1節　人工物の寿命　――絶対安全要請の非論理性

◇決断の間違い　――危機の時こそリーダーの正しい決断が要る

●私は、これからどんなに科学技術が発達したとしても、私たち人間が創ったものは、「絶対に安全」ということに近づけることは出来ても、「絶対」ということは、あり得ないと思っております。人間の進歩発展は、常に完全なものを求め、「技術革新」すなわち「イノベーション」を図っていくものだと言えます。したがって、人工物の活用については、私たちが判断する前提に必ず「リスク」の重さと価値判断が、とても重要であると考えます。

最近、日本語訳にもなった『恐怖の法則』（キャス・サンスティーン著）という本があります。著者は、ハーバード大学ロースクールで教鞭をとる法哲学者ですが、この本はむしろ緻密な理論分析に基づいて、世の中に起きる多くのリスク例えば病原菌、有毒化学物質、テロリズムなどに対する民衆の恐怖や不安に対し、それを和らげ精神的動揺を無くしていくにはどうしたらよいかという、とても示唆に富む内容であります。

実はわが国では現在、福島第一原子力発電所の思わぬ事故の後遺症によって、54基の原子力発電所が全停しているため、国家の危機といっても良いぐらい大きな痛手を蒙っており、2011年3月11日の事故の時以来今でも、毎日百億円単位の化石燃料代を余分に負担しているため、貿易赤字の直接原因をつくっております。

キャス・サンスティーン氏流の言い方をすれば、このような日本国民が現在選択している事故の「リスク」の確率を如何に認識して、もちろん一定の対策は施しながら精神的な不安を解消していくか。そうした認識（一種の集団的学習）における、バランス感覚の洞爺が最も重要だと言うことを述べています。

しかし、それには世論を導くのに、大きな影響力を発揮できる「マスメディア」の協力が欠かせないと考えられますが、この点については、別途論じたいと思います。

ここで、私が取り挙げたいのは、私ども人間が科学技術を発達させつくり上げた機械、すなわち「人工物」も私たち同様に《完全》ということはなく、機械の寿命も当然にあるし、《欠陥》をも持っているということが重要です。それは、私たちの住いと同じく、寿命が来たら修理をするということ、すなわちリニューアルをしなければなりません。また、例えば電池で動く人間ロボットのようなものは、電池が切れたら途端に動かなくなります。

◇原子力規制委員会の判断

●この「人工物に完全なものは無い」ということは、すごく重要であります。最近、例えば、原子力規制委員会が定めたわが国の設置基準は、世界最高の水準であり、その基準を満たしたわが国の原子力発電所は、再稼働出来ると判断した基本には、あくまで「原子力発電所が精密かつ最高の科学技術の粋を駆使して作り上げたものであっても、それでも絶対に事故が起きないということではない」という前提があることを、忘れてはなりません。

従って先頃、関西電力の高浜原子力発電所を原子力規制委員会が基準に合致していると判断したものを、僅か2回の審議で「住民の請求通り差し止める」と結論付けしてしまうような裁判での決定は、真に乱暴なものだと言わざるを得ません。

日本人は、集団的心理が働きやすい性格を持った民族であると言われます。したがって一たん受けた恐怖心はなかなか、その恐怖感情から抜けきらない性格を一般的に持っております。

どうすれば良いのかということですが、やはり危機の時には集団の「リーダーの決断力」こそが、最も重要だということではないでしょうか。

そう考えた時、今の政府のトップである首相というリーダーの決断力は、国家安全保障の面や社会保障制度の見直しなど、多くの面で素晴らしい判断をし国家国民の要請を先取りしリードしながら進んでいると考えられます。

だがしかし、一つだけ残念なことがあります。

それは何かと言えば、とても理解に苦しむところでありますが、「電力システム」のような何十年も掛かって、民間のプロ集団の手で綿密に組み立てられてきた《**国家の屋台骨にも等しい基本システム**》を、プロの意見を聞く機会を完全に排除して、破壊しようとしていることです。

◇決断とバランス感覚　——予防措置の誤認

先ほど取り挙げた本の著者は、結論と題する箇所で「(人間の)恐怖は、その本性として選別的である」と述べています。本来は、リスクがものすごくあるにもかかわらず、「恐怖」の内容を想像したりして逆の判断をしてしまうことがあるということを、種々事例を挙げて説明しております。

とても判り易い内容ですので、そのまま取り挙げてみます。(前掲書315頁より引用)

「ある人々は飛行機を怖がるが、自動車の運転は怖がらない。他の人々は薬を避けることのリスクは怖がらない。（中略）テロのリスクは恐れるが、喫煙のリスクは無視するかもしれない。残念ながら、すべてのリスクに対して強い予防措置をとることは不可能である。とても心配しているように見える人々、危険を避けようと固く決心しているように見える人々が、まさに危険を取り除こうとする努力それ自体によって、かえってリスクを増大させることもしばしばある（以下略）」

さらに、次のようにも述べています。

以上の判断に関しては、「国家も一般人と同様である。**政府は予防措置を取ると言いながら、リスクを減少させるものではなくむしろ増大させているかもしれない**」

すなわち、私がここで指摘したいことは、今回の電気事業法の改正法律によって、逆に日本国家のライフラインである電力（Ｋｗｈ）がとても不安定になり、わが国が大きなリスクを背負うことになるという点です。要するに、発送配電分離をしたことが、せっかく成長戦略のためといいながら、逆に成長戦略を駄目にするリスクが極めて大きくなるわけです。そういうことを、全く無視してしまったという点を指摘したかった次第です。

◇偏ってはならないトップリーダーの決断 ――審議経過に憲法違反の疑い

政治集団と政府が、7年後の平成32年(2022)までに、《電力会社の独占を砕くため》に発送配電一環の現行システムを分解するという「予防措置」によって、わが国の電力(Kwh)という商品の生産販売を完全自由化することで、極めてマイナスな面が生じるということです。

是非とも、トップリーダーには、先ほどの事例にもある、飛行機に乗ることは怖がるが自動車に乗ることは怖がらないというような、一方的判断はして貰いたくないのです。

すなわち「電力会社の独占を砕くため発送配電分離まですれば、自由に電力を生産販売する人たちが増えて、経済が活性化する」という、一種の「リスク回避の《予防》措置」という欧米の真似ごとの決めつけだけでなく、そうした措置が逆に電力の安定供給の困難や電気料金の値上がりを招くという「リスクの招来」ということを、十二分に考えるべきだということを述べたかったわけです。

こうしたリーダーの決断に当っての、バランス感覚がとても重要なのです。今回の法律は、そうしたバランス感覚を欠いた、しかも先ほども述べたように私企業の私有財産を、株主にも投資家にも、はたまた経営者にも労働組合にもまともに意見を聞くことも無く、会社組織や事業運営を分断し、変えて行こうというとても乱暴なものです。

しかも先ほども述べたように、憲法第29条に謳われている「財産権不可侵」の内容にも触れる重大な過ちを犯しております。

第2節　民主党政権の最悪シナリオ（1ミリシーベルト）
―絶対安全を求める反原発の非論理性―

◇エネルギー安全保障と温暖化対策
――原子力大綱を引き継いでいた民主党政権

平成22年（2010）、それまでの自民党中心の政権に取って代わって、政権の座に付いた民主党政権は、「政権は代わってもわが国のエネルギー政策の基本は変えるべきでは無い」という基本方針に基づき、寧ろ自民党政権よりも一層国際的なわが国の立場を意識しながら、政策を進めて来たと言えます。

すなわち、それは十二分に電力政策と結び付き、特に地域別系統一貫の電力会社の運営は誠に重要であるという前提の基に進められてきました。特に、民主党政権は「わが国のエネルギー安全保障方策の推進と地球温暖化対策を同時に進め、国際的にも新しい日本の顔になることを目指そうとしていました。ドイツなどグリーンパーティと結び付いた民主党ですが、しかしエネルギー資源の無い日本という姿を前提に、それを進めなくてはなりません。

このため、過って自民党政権下の平成17年（2005）に纏められた「原子力大綱」を基に、言って見れば「日本の将来を原子力発電の大幅推進に託する」という方針を、そのまま受け入れました。その民主党政権の鳩山由紀夫初代首相は、何と10年後（2020年）のCO2の削減目標を、1990年比25％という驚異的な努力目標を国連総会の場で発表し、世界中を驚かしました。もちろん、再生可能エネルギーも増やすものの、原子力発電こそ「バーゲニングパワーとして重要であり、地球環境問題（25％削減）の決め手にもなる」と意気込みました。

このためその手段として、2010年（当時）から10年後までに、原子力発電所を新たに10基（1千万KW）建設し、既存の約5400KWの原子力発電所と併せ、民主党政権下では2020年には、少なくとも6000万KWを確保するという長期計画を取りまとめておりました。

◇3・11で急転換した民主党政権の《脱原発》

先ほどの初代鳩山首相が、政治資金疑惑で退任し、翌年の平成23年（2011）2代目の菅 直人首相に代わって、いよいよ新原子力大綱を取りまとめようとした矢先、真に不幸にも「3・11」といわれる未曾有の大地震と巨大津波が関東と東日本を襲いました。

その被害の中に、残念ながらわが国の象徴的な原子力発電所の一つである、福島第一原子力発電所1号機から4号機まで、合計281万2千KWが含まれて居りました。全ての電源が喪失したという不幸な事態となりました。チェルノブイリの事故の場合とは全く異なり、運転中では無く全て原子力発電所は停止していましたが、電源がすべて停まってしまったために、ウランの燃料棒が核反応を起こす臨界状態になり、原子炉を突き破って放射性物質が発電所の外に流れ出しました。

すると、民主党政権は今までの原子力発電を中心に据えたエネルギー政策を大幅に変更し再生可能エネルギーの固定価格買い取りという補助政策を導入して、「原子力発電は、ゼロにする」という方針に完全な転換を致しました。要するに「脱原発」を目指していくことにしたわけです。

何故、民主党はこのように急転回したのでしょうか。言うまでも無く、「放射性物質が人命に及ぼす影響は計り知れない」と主張する、原子力反対派の人たちの考え方を全面的に受け入れたわけです。

何の科学的実証も正確に行なうことなく、マスメディアが伝えるポピュリズムの風潮を踏まえて、政府のエネルギー政策を「脱原発」中心に据え替えたものにするため、あらゆる政治の指向をそこに集中させました。正に、第1節で取り挙げました「恐怖の法則」を、組織的に取り入れたのです。

◇民主党政権の工作、1ミリシーベルト作戦

この章のタイトルにもしてありますが、「1ミリシーベルト作戦」とはどんなことだったか。それを少々再現してみます。

●この3・11の大災害が発生した当時、食品などを取り仕切る役所、すなわち厚生労働省は、労働組合出身の小宮山洋子氏という女性が大臣の椅子に座っていました。「国民のみなさんが、安心して頂くために、わが国の放射性廃棄物のレベルは出来るだけ低くしましょう」と、官僚に指示したのです。

このため、例えば学校のプールの水は「1ミリシーベルト」にせよ、ということになったのです。

この数値は、どういうものか。読者の方々の中には、よくご存じの方も多いと思いますが、ご存じない方もおられるでしょう。したがって大変稚拙な説明ですが手短かに説明しておきます。

放射性物質は、私たちの体の中にも在りますので、普段は殆ど関心が無くても良いはずです。言ってみれば、宇宙が誕生する原動力でもありましから、一般的には怖いものではありません。ところが、私どもがいっぺんに大量の放射線を浴びると、命を失うことになります。それは、放射性物質では無くても、例えば私たちが4、5千メートル以上の山に登ったり、或いはスキューバダイビングに行って、突然、水深20~30メートル以上の海中に潜ったりすると体調を壊したり、場合によると命を落としたりするのと同じようなものです。

すなわち、放射性物質の被曝も、例えば瞬時に1シーベルト（1千ミリシーベルト）もの放射性物質を浴びると、人間は多分即死するでしょう。しかし、それが4分の1の250ミリシーベルトだったらどうでしょうか。何も影響はありません。もちろん、それが原因で将来ガンになる確率が増えるかも知れませんが、病気（放射線症）になることはありません。

原子力発電所で働く作業員の許容限度はこの250ミリシーベルトです。

ところが、小宮山大臣は大変なことを定めたのです。何と1ミリシーベルトです。これは、あのチェルノブイリの事故の後、国際放射線防護委員会が「どんな場合でも放射線量が、年間1ミリシーベルト以上になる場合は、その場所から避難するように」と勧告していたからです。

しかしこれは、あの何万人もの人たちが、実際に放射線の痛手を受け、4千人が「放射線症」で亡くなったとされるチェルノブイリのさいの緊急事態の折に定められものだったのです。

●私たちが、自然界から受ける放射線量は、年間2・4ミリシーベルトだと言われます。内訳は、呼吸などを通じて1・26ミリ、宇宙から0・39ミリ、大地から0・48ミリ、食物から0・29ミリというわけです。しかも、科学的に出されている指標では、概ね年間100ミリシーベルトの放射線を浴びて居ても、普通の大人では「ガンの過剰発生は見られない水準」だということになっています。
第12図の「自然放射線からうける線量」と、**第13図**の「日常生活と放射線」は、そのことを判り易く示したものです。

第12図　自然放射線から受ける線量

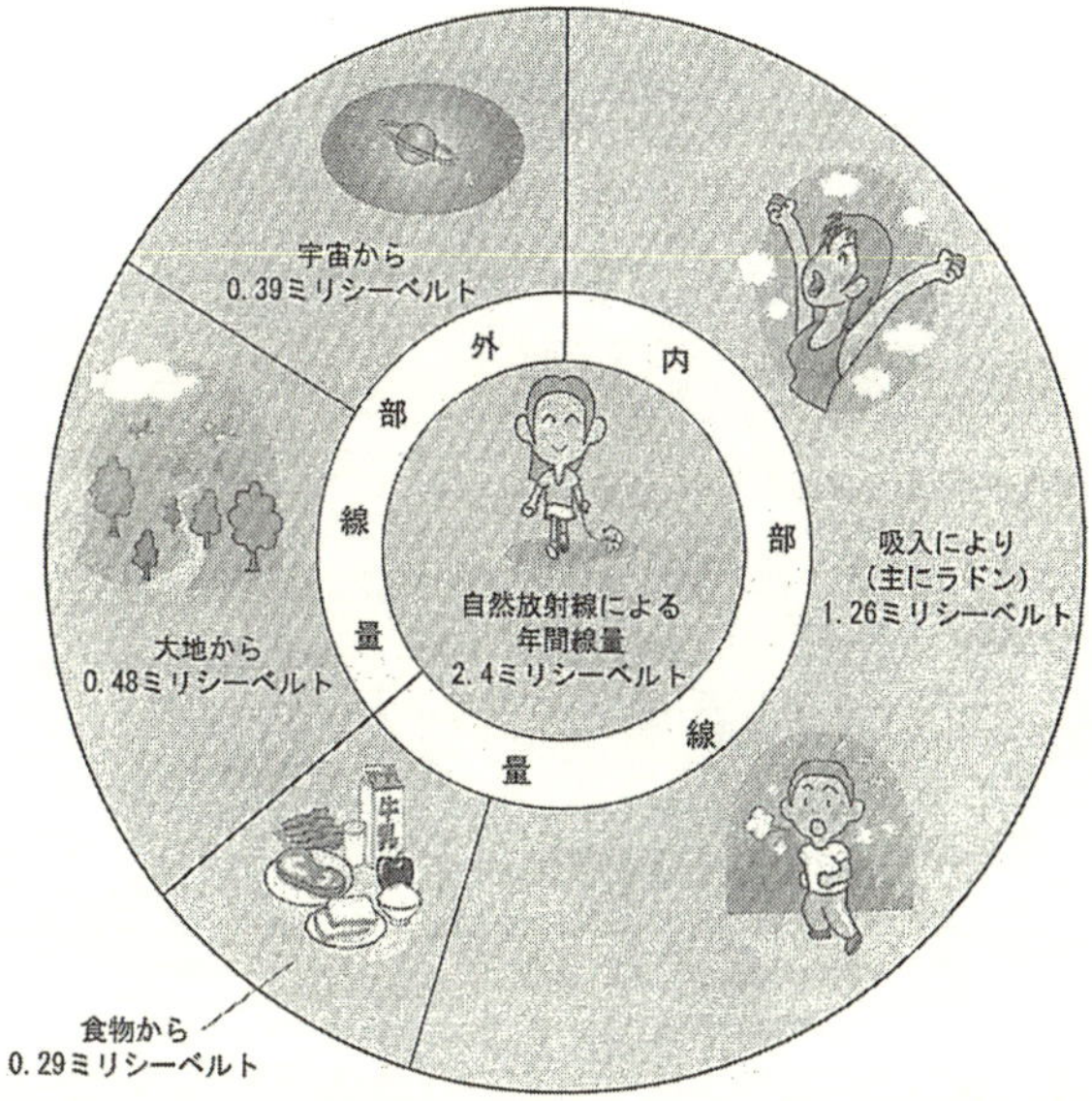

(資料)永野芳宣著
「脱原発は日本国家の打ち壊し」(財界研究所)196頁より引用

第13図　日常生活と放射線

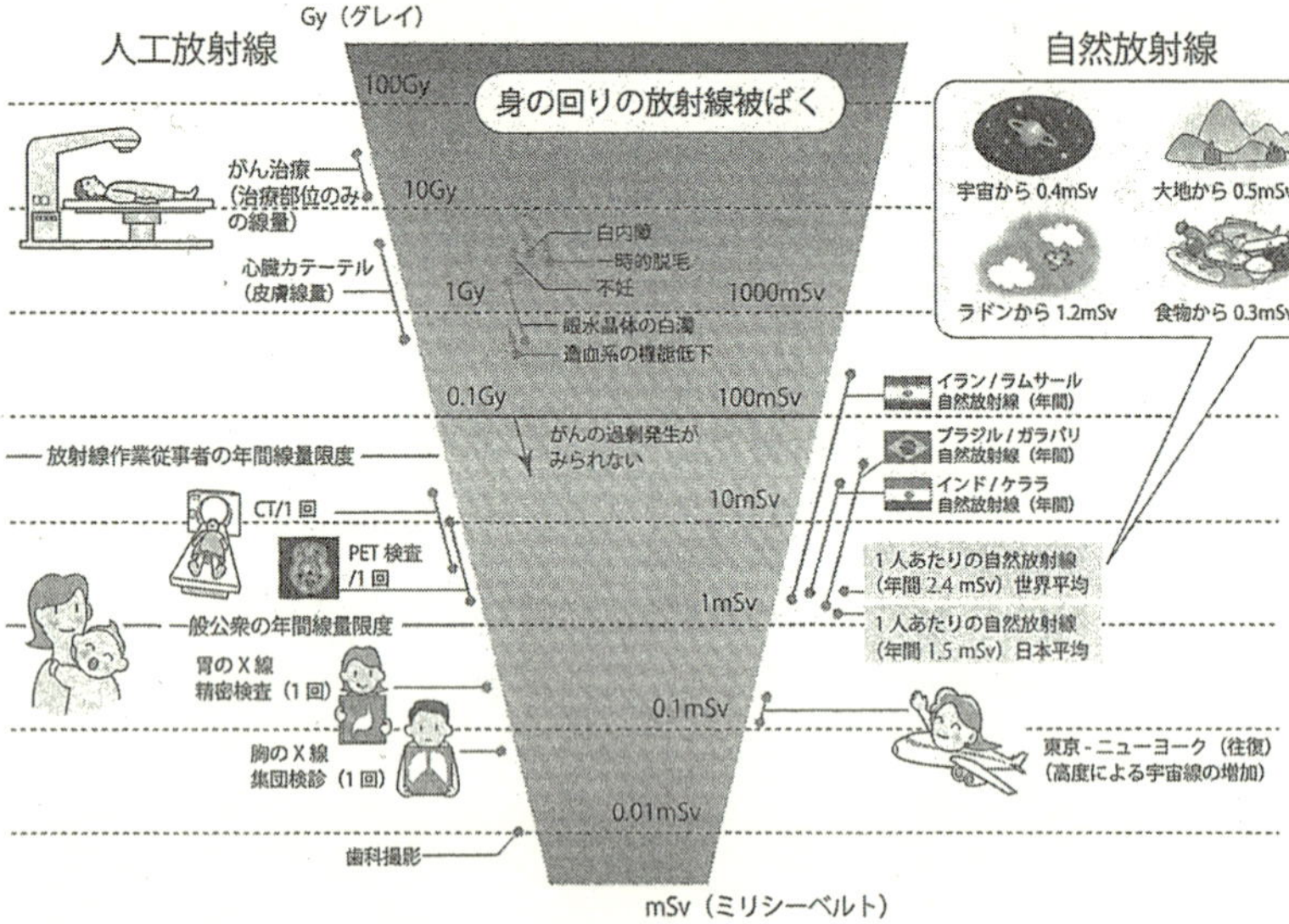

（注）数値は有効数字などを考慮した概数
目盛（点線）は対数表示のため、ひとつ上がる度に10倍上がる

（資料）永野芳宣著
「脱原発は日本国家の打ち壊し」（財界研究所）197頁より引用

したがって、小宮山大臣が「なるべく低い方が皆さんが安心するから」といって、1ミリシーベルトを基準にしたのは異常なことだと言わざるを得ません。

◇日本人の放射能トラウマに驚く海外諸国

「すでに4年も経っているのに、未だ原子力発電所の再稼働が侭ならない日本人に驚く」とか、「津波で1万5千人もの人が亡くなった責任は、誰が負うのか。全く取り挙げられもしない。一方、思わぬ放射能漏れがあったとはいえ、直接亡くなった人も居ないのに電力会社へのバッシングは酷過ぎる」

こうした意見が、可なり多いにもかかわらず、日本のマスコミは殆ど取り上げません。日本人の放射能に対する怖がり方は異常だというのが、海外の人たちの一致した意見です。

ここでは、著名な物理学者の論文の一部を紹介します。

アメリカの物理学者リチャード・ムラー教授が、最近「各国首相へのエネルギー政策への提言（Energy for Future Presidents）」という本を書いて居ます。

（注）日本語訳は「エネルギー問題入門」

このムラー教授は、この本の中で福島原発の事故を踏まえて、次のように述べています。

「ガンで死ぬ人にとっては悲劇です。しかし（福島の問題について）新聞の見出しを見たときの印象と比べると、小さな数字ではありませんか。（中略）ガンで100人の人が亡くなるというのは大変なことですが、（今回の大地震の）津波では1万5000人が亡くなっています」（同書日本語訳12頁）

また、次のようなことも述べております。

「米国コロラド州デンバーは、主として現地の花崗岩に含まれている微量のウラニュウムから放出される放射性ラドンガスのために、自然放射能が特に高い地域です。（中略）もしあなたがデンバー郡に住んでいるとしたら、年平均で三ミリシーベルト余分に被曝することになります」

そしてムーラー教授の考察の鋭さは、寧ろ次の点だと言ってよいでしょう。

「放射能のレベルが高いにもかかわらずデンバーのガンの発症率が、アメリカの他の地域に比べて一般的に低いという事実は、特筆に値するものではありません。科学者の中には、これを低レベルの放射線がガンに対する耐性を誘発する証拠だと解釈する人もいます。わたしとしては、《生活スタイルの違い》がその差違の原因である可能性の方が高いのではないか

と考えます」（以上は前掲書33頁）

●《生活スタイルの違い》という言葉は、実に含蓄のある指摘ではないかと思います。すなわち、同教授はデンバーの3ミリシーベルトを基にしたガン発生率を計算すると、何と「0・00012%」であり、この確率の意味は無いと述べています。

同時に福島第一原子力発電所の今回の事故が直接原因で亡くなった人は、チェルノブイリと違っていなかった。だが、放射性物質が怖いからといって、他の地域に避難したために精神的苦痛などで亡くなった方がいると言う事実を、もっと深く考えるべきだと指摘しています。

同教授は、結論として次のように述べております。

「0・00012%という確率は、余りにも小さいため、人口母集団の中で測定ないし検知することは不可能です。検出できない危険を、政策決定の上で重視すべきでしょうか。これはささいな問題ではありません。将来一国の指導者となろうという人なら、考えておかねばならない問題です」（前掲同上書）

◇放射性物質規制基準を早々に国際基準に改正すべし

●読者のみなさんは、次の「第14図」に在るように、わが国の飲料水や食物などが保有する放射性濃度（単位は「ベクレル」）に対する規制基準が、欧米諸国だけでなくアジアの国々も含めて、何処の国よりも非常に厳しくなっていることを、ご存知でしょうか。

これは、先ほどの民主党政権が決めた放射性物質の「人間に与える影響」を1ミリシーベルトと、規制した考え方と全く同じです。この表は、放射能を出す多くの物質の中から、ウラニュームが分解される時に一番多く人間が浴びる「ヨウ素」と「セシューム」について、日本国政府（当時の民主党政権）が決めたものを、他の国の基準値と比較したものです。

ご覧のように、ヨウ素については、何故かわが国は緩やかで、殆どEUと同じ水準であり、「Codex」と書いてある国連が決めた国際的な基準値よりも3倍ぐらい緩くしてあります。考えて見ると、ヨウ素が発する放射能は、短期間に無くなりまたそれ程ガンなどの原因になりにくいからと思ったのでしょう。

ところが、最も大量に放射性物質が発生しやすく、かつ半減期が二十万年ともいわれる「セシューム」については、ご覧のように何とわが国の基準値は、とても厳しくなっています。

先ず飲料水に付いてですが、僅かに「10」という基準ですので国際基準（Codex）の

第14図　放射性核種に係る日本、各国およびコーデックスの指標値

（単位：Ｂｑ／ｋｇ）

	放射性ヨウ素 ^{131}I				放射性セシウム ^{134}Cs ^{137}Cs				
	飲料水	牛乳・乳製品	野菜類（除根菜・芋類）	その他	飲料水	牛乳・乳製品	野菜類	穀類	肉・卵・魚・その他
日　本	300	300	2,000	魚介類 2,000	10	50	100	100	100
Ｃｏｄｅｘ	100	100	100	100	1,000	1,000	1,000	1,000	1,000
シンガポール	100	100	100	100	1,000	1,000	1,000	1,000	1,000
タ　イ	100	100	100	100	500	500	500	500	500
韓　国	300	150	300	300	370	370	370	370	370
中　国	―	33	160	食肉・水産物 470 穀類 180、芋類 89	―	330	210	260	肉・魚・甲殻類 800 芋類 90
香　港	100	100	100	100	1,000	1,000	1,000	1,000	1,000
台　湾	300	55	300	300	370	370	370	370	370
フィリピン	1,000	1,000	1,000	1,000	1,000	1,000	1,000	1,000	1,000
ベトナム	100	100	100	100	1,000	1,000	1,000	1,000	1,000
マレーシア	100	100	100	100	1,000	1,000	1,000	1,000	1,000
米　国	170	170	170	170	1,200	1,200	1,200	1,200	1,200
Ｅ　Ｕ	300	300	2,000	2,000	200	200	500	500	500

（注）コーデックスとは、国連で採用されている世界的に適用する食品規格のこと。
（注）日本は、セシウムについて、2012年４月１日に改正された数値。

（資料）永野芳宣著
「脱原発は日本国家の打ち壊し」（財界研究所）45頁より引用

「1000」よりも100倍も厳しく、アメリカ（1200）の120倍、EU（200）の20倍の厳しさです。

同じように、牛乳・乳製品、野菜類、穀物類、肉・卵・魚等それぞれに非常に厳しい規制になっております。大変恐縮な言い方かも知れませんが、未だに福島第一原子力発電所の近隣の方々の中で、帰宅出来ずに避難生活を余儀なくされている人たちが、数万人居られるというのは、正にこの数値と関係があるわけです。物凄い国の予算と東京電力の負担で、土壌汚染を無くすための除染作業が未だに進められているのも、この基準値をクリアーするためであります。

●さらに言えば、こうした風評被害に近いような状態を作り出している「政治決定」が、日本国民全体を《放射性物質忌避のトラウマ》から、なかなか抜け出せない風潮を作り出していると言えます。それがまた、例えば柏崎原子力発電所の所在地である新潟県の県知事や市町村長の決断力を鈍らせ、膨大な低廉豊富な原子力発電からの電力（Kwh）を、供給することがなかなか出来なくなっている原因でもあります。

●先ほども述べたように、「予防」しようとしていることが逆に「予防では無くなり、実害になっていること」に、政治家や官僚のみなさんは気付いて頂きたいと思います。特にそれそれのトップリーダー、なかんずく、国家のトップリーダーはムラー博士が言う通り、《検出出来ない危険》を《政策決定》に持ち込むことほど、愚かなことはないと悟って頂きたいと思います。

第6章　電気料金の大高騰要因

――「原発ゼロ」を目指した再生エネ導入の本質

この章の要旨

読者のみなさんは、今現在そしてこれからの日本の存立を脅かすようなことにもなりかねない事態が懸命に進行しているのをご存知でしょうか。

すでにマスコミも、「電力事業の発送配電分離法（俗称）」も成立したので、こちらの方よりも国家予算の半分にも当たる、47兆円【今年度予算】を占める「社会保障費」をどうするかということのほうに、焦点を当てて毎日のように官僚軍団が発するニュースを取り挙げています。

だがもっと怖くて、ぞっとするような事態が、これからアベノミクスにプラスになると思わせている「電力問題」に、大変な世界を巻き込み《日本を潰すことになるかも知れない事態》が潜みながら、どんどん『深行』しているのです。わざと〈進行〉ではなく、『深行』と当て字を書きました。

読者の皆さんは、その真意を是非とも読み取って頂きたいと思います。それは、これから説明しますが、

「再生可能エネルギー」が如何に、この国を困難に陥らせかねないものであるかということです。

第1節　策略の実態

◇35年前のバブル経済の幻が再来という事実
――「アンダー・フィフティ」をご存知ですか

これは、ゴルフのスコアーの話ではありません。私は下手なゴルフを、楽しんできた一人です。もちろん、仕事上止む無く50才頃になって初めて自己流でやり始めたものですから、目標は常にハーフで正に50を切ること、すなわちダブルボギーペースで回って、幾つかパーを拾い、40台のスコアが出れば〈御の字〉というものでした。

だが、此処での話は全くそういうこととは違います。「アンダー・フィフティ」つまり、〔50KW〕以下に分けて、太陽光のパネルを張った土地と設備とを、どんどん売却していき不動産業者が巧妙な土地売買のバブルを、再来しているということです。

全ては、突然の大地震の被害に逢った「原子力発電所」の〔放射能漏れ〕を口実に、一挙にわが国の電力エネルギーの主柱を、原子力発電から太陽光発電という自然エネルギーに転換させることを企み、《人工バブルを引き起そうと言う企み》によるものです。

●その手法が、「50ＫＷ未満すなわちアンダー・フィフティ」なら、電気事業法による受電設備と主任技術者を置いて、電気事業を営むという届け出が要らず、発電事業が簡単に行なえるということです。

こうした事業が行なえるようになったのは、未曾有の大震災が発生した２０１１年３月11日から僅か３か月後の６月に、「電気事業者による再生可能エネルギー電気の調達に関する特別措置法」という法律が、与野党の要請を全部受け入れて全議員一致で成立したからです。

国会議員は国民が選んだ代表者です。だから、これが大震災直後の国民の意志と言わざるを得ないのです。

●しかも、この法律に基づいて（国民の意志を代弁してということになりますが）、要するに官僚たちは早速、２０１２年６月18日施行の告示で、電力会社に引き取らせる「20年間固定の調達価格」を決め、インセンティブを付けるためという理由で《３年間は、無制限に電力会社に買い取らせる》と公表しました。

後で明確に判ったことですが、最近発売されたソフトバンクのオーナー、孫 正義氏の秘書だった嶋 聰・元衆議院議員の自著『孫 正義の参謀』によると、本件の経緯が克明に描かれておりますが、要約すると次のような政治家しかも一国の首相と、今や世界のトップテンにも並ぶ富豪との間に、「再生可能エネルギー」の本格的導入への正に政商と言ってもおかしくないやりとりが行われていたことが記されております。

◇首相と一人の経済人の間で「脱原発」前提に決まった《固定価格買い取り制度》

２０１０年の民主党政権の誕生を受けて、政権の中で環境推進派の首脳たちはクリーンなエネルギー（太陽光発電など再生可能エネルギー）の積極導入を、ドイツのグリーンパーティなどに倣って進めることを取りまとめておりました。

ところが当時、すでに述べた通り鳩山首相は国連で、ＣＯ２の削減目標を１９９０年比25％という途轍もない数字を強調したばかりでした。その手段として、コストが最も安くしかも極めて安定的な原子力発電のウエイトを、10年以内に全電源の40％に引き上げることを打ち出していたため、「再生可能エネルギーはあくまでサブシステム」ということになり、環境派はそれ以上は要求しにくい状況でした。

さらに環境派は、鳩山氏からバトンタッチされた菅 直人首相（以下「Ｋ」と略称）に、ドイツなどの事例を執拗に持ち込み、国家の補助的政策の必要性を訴えました。

こうして、「再生可能エネルギー特別措置法案」が、２０１１年3月11日の午前中に閣議決定され、近日中に法案が国会で審議される予定でした。

その日の8時40分過ぎから開かれた、海江田経済産業大臣の記者会見でこの法案のことを述べましたが、新聞記者のこの法案についての質疑は全く無く、寧ろ記者の追及はその日に発覚した「K首相」の外国人からの献金疑惑が、専ら話題となっておりました。「K首相」は、そのまま退任に追い込まれそうな雰囲気でした。

ところが午後2時過ぎ、様相は一変します。

思いもよらなかった東日本大震災が発生します。突如として瀬戸際に追い込まれていた首相の「K」は、これこそ天啓とばかり、大地震と巨大津波で1万5千名以上の死亡者と、数千名の行方不明者が出ている広域的被災地への対応よりも重要視したのが原発事故でした。福島第一原子力発電所の事故対策に、自らが本部長となって現地に乗り込み、直接指揮を執ると言う「最高司令官として有るまじき行動」が始まりました。正に、献金疑惑の汚名回復を地で行く作戦ということでしょうか。

そして自らの口で「おれは、原子力の専門家だ。地震国の日本に原発は不向き」と主張して、『脱原発』を唱え始めました。運転中の中部電力浜岡原子力発電所（82・6万ＫＷ）の運転を停止させ、以降次々と各電力会社に命じて、原子力発電所の運転を停止させていきました。

同時に、その後も《脱原発》そして《原発ゼロ》を標榜していきます。

これで勢いづいたのが「S氏」です。当初、あの事故が起きるまでは、S氏は「再生可能エネルギー法案」が出されていることも殆ど関心がなかったと言われます。

しかし、事故後の状況を把握したS氏は、素早く行動しました。

脱原発の代わりは「太陽光発電等再生可能エネルギーしか無い」、よって「至急ドイツやスペインなどの事例を参考に《固定価格買い取り制度》を導入すべし」「但し現在、電源の僅か1，2％過ぎない再生可能エネルギーを原子力の代替として30とか40％に増やすには、当初は事業者の利益が確保出来るような明確な国家の保証をして貰いたい」と、直接首相の「K」に要望しました。

その要望のポイントは次の3点でしたが、「K」は「S」の要望を殆ど丸呑みにしたといわれております。

※第一に太陽光発電などの建設コストだけでなく、利益が明確に確保出来ること。

⇓1Kwh当たりの売電単価を40円以上にすること（この水準は、当時ドイツの固定価格より、5割以上高めのものでした。

※第二に事業参入へのインセンティブを付けるため、当初3年間は無制限に事業の認可を与えること。⇓まさか、膨大な事業バブルが生じるとは、全く予想もしていませんでした。

※第三に売電の引き取りは、電力会社に強制的に行なわせ、料金は電気料金に上乗せして電力の使用者にKwhに応じて、平等に負担させること。⇓これは、ドイツの方式ですが、使用量がKwhの使用量が多ければ多い程、どんどん負担が増えることまでは、想定していませんでした。

しかもK首相は、大震災への対応の仕方や外交姿勢、さらには政治献金疑惑などで退任を余儀なくされてきた時、自ら退任の条件として「脱原発を推進するため、この再生可能エネルギー導入特別措置法案」の成立を重要条件だと述べたため、当時自民党は野党でしたが、この法案だけは与野党がその要望を全部盛り込む形で、官僚に作文を命じて殆ど全会一致で上述の法律が成立しました。

第2節　再生可能エネルギーという贅沢（超高価）な電力を買わされる悲劇
――「太陽光バブル」の原因は3年間の無制限開発容認制度

◇まぎれも無い事実

これが、全ての発端であり、今に至っても安倍首相が「電力会社の独占の岩盤を打ち砕くため発送配電分離を行うこと」を述べ続けざるを得ないのは、正に上述の通り「再生可能エネルギーから得られる電力（Ｋｗｈ）を、原子力発電からの電力（Ｋｗｈ）に代えようと考えた」、その大胆な決断が原因なのです。

要するに上述の３条件を充たして成立した「再生可能エネルギー導入特別措置法」は、当時野党だった自民党や公明党まで含めて、全会一致で２０１１年８月下旬衆参両議院で可決しております。ところがその運用が本格化して来た時、気が付いてみると、その結果に現政権下の官邸も行政官僚たちも、そして首相以下関係の政治家たちもあっと驚いたのではないでしょうか。何しろ、《無制限かつ無秩序に発生して来る可能性のある太陽光発電や風力発電などの電力（Ｋｗｈ）》が、恐ろしい程の大きさだからです。

●それは、日本列島全体の大停電を誘うほどに、巨大な発電設備です。

何しろ今現に認可されて稼働しているものだけでも、２７００万ＫＷと関西電力や中部電力の最大電力にも匹敵する膨大な太陽光発電ですが、何とこの他に昨年10月までに認可した

ものが、７２００万ＫＷもあるのです。その原因は、正に上述の再生エネルギー特別措置法によって打ち出された、ＣＯ$_2$を減らすために太陽光などの自然エネルギーを電源として使おうと、国民の皆さんが決めたことにあるのです。

政治家と官僚が、その予測を誤ったのは言うまでもありませんが、残念ながら国民自身はそういうことになってしまっていたとは、多分知らなかったのではないでしょうか。こういう重要な情報を、国民に知らせなかったのも、正に政治家と行政官僚の責任です。しかし国民も反省して、一体どうするかを真剣に考えて貰わなければ、この収拾はつきません。

なにしろ政府が容認した上記７２００万ＫＷで発電した電力は、Ｋｗｈ当たり平均33円です。今政府の命令で発電を停められている原子力発電は、Ｋｗｈ当たり８円です。何と、私たちは原子力に代えて４倍もする電力をどんどん作っても良いと決めたわけです。

判り易く言えば、日本国民は資源の無い国だから、長年に亘り地球環境の改善に協力するには、原子力発電しか無いという方針であったのに、突如として３・11以降、脱原発（原発からの発電ゼロ）を主張する民主党政権が打ち出した、高くても良いから自然エネルギーからの電力に代えて、協力して行こうと覚悟したということになります。

ところが、その自分たちの責任を回避するためにということでしょうが、電力会社のシステムが悪いからだと、『責任転嫁』する理屈が上述の「電力の独占を打ち砕く」ということになるのです。

打ち砕いた上、全国の送電線を「中立機関と称するかたちで行政官僚」にコントロールさせて、無制限且つ無秩序に発生して来る再生可能エネルギーという、4倍もする贅沢な電力（Kwh）を、電力会社に法律に則り「強制引き取り」に応じるよう、指示コントロールして行こうというわけです。

とにかく、この《贅沢な電力》は与野党一致して、無制限に何と3年間の保証付で、かつ20年間の固定価格の引き取りを約束してしまったのです。

従って、その上で安部内閣はさらに「電力（Kwh）の取引を完全自由化させて、ダイナミックに市場を開放し、付加価値を付けると同時に安定的なかつ料金を引き下げて、低廉な電力（Kwh）の消費者への提供に心掛けます」、と言わざるを得なくなっているというのがその実態です。

すでに、電力（Kwh）という商品の実態をご存知の読者の皆さんは、今回の法律で、《低廉豊富な信頼度の高い電力（Kwh）》が供給できるようになるなどとは、とても考えられないと思われるでしょう。国民の皆さんは、太陽光発電の分だけでも、贅沢過ぎる（Kw h当たり加重平均で33円もするような）電力を、これから何と20年間に亘って買わされるわけです。しかもこの電力（Ｋｗｈ）はコストが高いだけで、逆に決して品質が良いわけではないのです。夜になると、発電出来なくなりますし、しょっちゅう天候に左右され不安定な商品です。

◇太陽光発電バブルの実態

さらに、もっと具体的に現実に起きている太陽光発電バブルの実態をご紹介しましょう。

簡単に説明しますと、以下のようなことです。

すなわち先ほどの通り、２０１１年8月再生可能エネルギー特別措置法が成立するのを条件に辞めた「Ｋ大臣」と、情報通信会社ソフトバンクのオーナーが、この法律の中身として絶対にはずしてはならないと考えた「４条件」が、今や大変な《太陽光発電バブル》を起してしまったのです。

すなわち、その条件とは次の４点です。

第１に販売電力は、現在の原子力発電の販売単価Ｋｗｈ当たり８円の５倍もする40円以上にすること

第2に、20年間の固定価格で取引する制度であること
第3に当初の3年間は、インセンティブを与えるため無制限に開発を認めること。
第4に、開発を認めた太陽光発電等から発生した電力（Kwh）の販売は、自動的に電力会社に固定価格で買い取らせること

◇どのように太陽光発電の開発が実行されているか

ご参考までに、どのように開発が実行されているかを、順を追って判り易く説明してみましょう。

〔贅沢な価格《Kwh42円》のインセンティブ〕
←家庭用料金の2倍、原子力の5倍

◇不動産業者等（胴元）が放棄農地やゴルフ場を買い漁る
←
◇太陽光パネルを張り、例えば役所に1千KWと届け出て認可されると、50Kw未満づつ20区画に分割して、投資家に転売（1区画約2千万円）
←

◇投資家（個人が8割）は、電力会社に電力（Ｋｗｈ）を販売した分だけ、毎月15万円程度の収入が自動的に入る。

◇胴元の不動産業者は、20区画4億円の資金を即座に得る。それを使い、次の発電事業の開発が行なえる。

〔3年間無制限認可のインセンティブ〕

←その期限が切れる２０１４年3月末までに、何と２７００万Ｋｗが届出認可

◇九州電力が２０１４年9月24日、太陽光発電の受け入れ中断宣言

（注）九州電力管内で、２０１４年3月までに１８００万Ｋｗ認可

←７００万ＫＷが限界。これ以上増えると、大停電になるとの理由

◇続いて、9月30日北海道・東北・四国・沖縄の4電力会社が、九州と同様の理由で、受け入れ中断を宣言

◇これらに対して、既に説明しました「広域運営機関」が、各電力会社に細々とした指示をしていることは、いうまでもありません。しかし、今度の法律で近い将来、発送配電が分離されると、「贅沢（値段がものすごく高くて）かつ、不安定な商品の電力（Ｋｗｈ）」

を直接引き取るよう命令して来る可能性があります。

既に九州電力の場合でも700万KWで出力抑制を施し、何とか大停電になるのを防ぎました。

〔電力会社の引き取り義務に無制限出力抑制権限を付与〕

←但し、現行規定では太陽光発電などからの「出力抑制」の期限は《30日間》

◇1800万KWが認可されており、残り1100万KWが次々に電力の販売を申し込んできた場合、とても「30日間待ってくれ」ということでは対応しきれないはず。

←これも、正に「認可した政治家と官僚の責任」であることは、間違いない。

◇これに対し、エリート官僚は知恵を絞り、出て来た結論

←

電力会社の引き取り義務に「無制限出力抑制権限」を付与する。

第３節　「アンダー・フィフティ」人工金融バブルの拡大

◇「50ＫＷ未満」すなわちアンダー・フィフティとは？

こういう言葉が、最近不動産業者や投資家の間で、急激に流行っています。ご存知でしょうか。

要するに、太陽光発電のパネルが、ちょうど出力50ＫＷに達しない、すなわち《49・7ＫＷ》ぐらいに区切られて、何十か所或は何百か所にもおよぶソーラ発電所が、日和の良い山間の耕作放棄農地とか、倒産して放棄したままだったゴルグ場フェアウエーなどに、黒々と張られております。

異様なのは、その各区画ごとに小さな変圧器と計器盤（電力メーター）が載った電柱が立っていることです。

何故かと言えば、現行の電気事業法では50ＫＷ以上の発電をする施設は、主任技術者を置き、行政当局に定期的に運用の報告をすることになっていますが、それ未満では必要ないとされています。ソーラ発電所を始めた事業者は、不動産業者に委託して役所の規制を全く受けない、商売を始めたということです。

一区画が、ざっと2千万円。その投資家は、殆どが個人。中には、若い人もいるようですが、殆どは定年退職金を手にした団塊の世代のような人たちです。太陽が出て、或いは風が吹いて、自動的に電気が発生するとメーターが回って電力会社への電力（Ｋｗｈ）の販売量が記録されていきます。毎月自動的に売った販売電力で、15万円ぐらいの収入になると言うのです。

一方、投資家に不動産ならぬ、〔アンダー・フィフティ〕の太陽光発電のパネルを土地付きで売却した業者は、即座に回収した売上代金（仮に50区画ならざっと10億円）を元手に、次の場所に同じように土地付きパネルを張る商売に投資できる。こうして、それがどんどんバブルのように、広がり膨らんでいくわけです。もっと資金が要るようになると、業者の方ももちろん、味を占めた団塊の世代のような投資家も、銀行の窓口で、それこそ〔アンダー・フィフティ〕の契約書を担保に、ローンを組むわけです。

これが、昔の不動産バブルに似て非なる「再生可能エネルギー型〔人工バブル〕」を、引き起しつつある主犯だというわけです。

今になっては、余り既成事実を書いても仕方のないことですが、証拠資料にはなるでしょうから、法案成立の実態を述べておきます。

◇原発をゼロにするために作った再生可能エネルギー特別措置法

――創り上げた主役は、菅直人首相と孫正義社長――そのことが、著名な文芸雑誌に載っていました。

「新潮45」(新潮社)という雑誌ですが、その2015年6月号に小林泰明という読売新聞の記者が書いた論文です。題名は、『かくも怪しき「太陽光」バブル――欠陥制度で、もはや破綻寸前』というものです。

この記事を読むと、すでに述べて来ました太陽光発電などの固定価格買い取り制度が、出来た理由は2011年3月11日の東日本大震災で、東京電力の福島第一原子力発電所の1号機から4号機までが災害に遭遇して、放射性物質を発散したため、それを恐れた民主党政権が、「原発はもう要らない。全て日本から排除してゼロにする」ということ、そのことに直接の原因があるというわけです。

●原発を、ゼロにした穴を何で埋めるか。そこにおいて、主役を果たしたのは正に2人の有名人。「菅直人首相」と「ソフトバンク孫正義社長」だというのです。

この時、二人が中心になってつくりあげたのが、「再生可能エネルギー特別措置法」による（20年間保障の固定価格買い取り制度）です。その目的は、日本から原子力発電所（当時54基約6千万KW）を全部廃止し、その代替として太陽光発電などの再生可能エネルギーで全部埋めてしまおうということだったようです。

尤も3・11が起きるまでは、「再生可能エネルギー特別措置法案」が民主党政権によって準備されていることに、孫氏は余り関心が無かったようです。

そのことは、2005年から8年間、2013年までソフトバンク孫正義社長の下で社長室長を務めたという、嶋聡・元民主党議員が著わした『孫正義の参謀』（東洋経済新報社）の中で、語られています。この本の著者がその再生可能エネルギー法案の説明をすると、孫社長は「そんな法案があったのか」といって、それ以降菅首相に直に働きかけ早期成立に全力を傾けたという趣旨の記述が、赤裸々に述べてあります。

◇このようにして出来上った太陽光発電など、再生可能エネルギーからの電力（Kwh）を、急速に増やすにはどうしたらよいか。二人は、それぞれの立場で綿密に戦略戦術を練ったようです。

その結果出て来たのが、すでに述べたところですが次の3点です。

第1は、太陽光発電をはじめ再生可能エネルギーの導入を促進するために、導入に制限を設けないようにすること⇓少なくとも、3年間はフリーに制限なしに認可すること。

(注)新聞報道などによりますと、2014年3月の1カ月間に数百万KWの、主として太陽光(ソーラー)発電事業の申請が殺到したということでしたが、これは正に「フリーに制限なし」に事業が行なえる認可が得られる期間、その期限が3月末だったからです。

第2は、インセンティブが必要であり、事業から利益が得られることが明確に判ること⇓例えば太陽光発電の場合、修繕費などを織り込みKwh当たりコストは20~25円程度だが、新規事業者はリスクを冒して参入するので、その倍ぐらいのKwh当たり40円以上を保証すること。同時に、長期事業の継続保証(20年程度)が必要なこと。

第3は、生産した電力(Kwh)が確実に販売出来るように保証すること⇓電力会社に確実に買い取らせること。

(注)電力(Kwh)は特殊商品であり、コンビニなどに並べて売るようなものでは無く、買い取りを強制された電力会社は、即座に販売しなければならない。したがって、「電力会社に買い取らせるということは、結局、国民に強制的に使わせる」ということを意味しております。

●この3点が明記された制度が、2012年6月までに、あっという間に成立したことは、

すでに述べた通りです。

当時このような政策の結果が、全て今日の事態に繋がっているのです。そこを読者の皆さんは、是非汲み取って頂きたいと思います。

すなわち、現在大騒ぎになっている「太陽光発電事業」の《人工バブル》を引き起し、一方、急いで電気事業法を改正し、電力の自由化のためと称して「電力会社を解体（発送配電分離）」をしなければならないこと⇓安倍首相に「電力会社の独占という強固な岩盤規制を砕き、ダイナミックな市場を実現します」と、強調させねばならないことに、4年前の民主党政権下で主としてK氏とS氏が行なった、再生可能エネルギー導入の戦術戦略が繋がっているのです。
◇その証拠が最近、東洋経済新報社から出版された『孫正義の参謀』（嶋　聡著）というドキュメントに明記されています。著者は、民主党の国会議員を9年間、その後ソフトバンクの社長室長を8年間務めた人物です。同書の256頁以下に「再エネ法成立と首相退陣」という項目があります。そこを、要約してみますと概ね次のように書いてあります。
※（2011年）7月13日秋田市で全国知事会が開催。それに合わせて、「自然エネルギー推進協議会」が発足。36都府県が参加（会長石井岡山県知事、事務局長孫ソフトバンク社長）その場で、自然エネルギ

ー推進の「秋田宣言」を採択。
※秋田宣言に次の6項目が織り込まれた。
① 自然エネルギーの意欲的な目標値
② 全量買い取り制度の早期制定・実施と実効性のあるルールの確立
③ 重要な自然エネルギーに関する地方公共団体の意見反映
④ 自然エネルギーの供給安定化支援
⑤ 自然エネルギー導入に関する技術開発の推進
⑥ 各種規制緩和

※孫社長の挨拶
「固定価格がいくらになろうとも、ソフトバンクとして10か所以上、20万キロワット以上の自然エネルギー発電を行ないます。これはみなさんにお約束します」（前掲書258頁）
※7月14日、再生エネルギー法案が、衆議院で審議入り。8月23日衆議院通過。
※8月26日午前、参議院本会議に於いて、同法案を全会一致で可決成立。
※「その日の午後、菅直人首相が赤字国債法、再生エネ法成立を受けて退陣を表明した。菅首相の退陣と引き換えに成立した再エネ法である」（同上258頁）

※10月6日、自然エネルギー事業を行う子会社、SBエナジーが資本金2億円で設立され、孫社長自ら代表取締役社長に就任。「孫社長は言った。『できるだけ多くの太陽光発電を行う。条件が良いところは利が出るだろう。そうでないところも多い。SBエナジーは、依頼されれば不利なところでも行く』」（同上258頁）

以上は、ご参考までに当時の状況を記したものがありましたので、要点を紹介しました。正に、原子力発電をゼロとする、その代替として再生可能エネルギー、特に太陽光発電が「即効力」のあるモノとして、取り挙げられたことは間違いありません。

◇再生可能エネルギー特別措置法の波紋
――どんどん増える再生エネルギー発電の人工バブル

●最近わが国の円安傾向が続いており、いま私がこの原稿をまとめている6月2日（火）のニュースで、18年振りのドルに対する円レートが125円台になったと報道されておりました。よって、海外からの観光客ももちろんどんどん増えておりますが、日本の土地や不動産なども、海外から見ると買いやすくなっているということです。そういう広告が、毎日のように出されております。

ところが、そうした広告に交じって、ちょっと奇妙な知らせが出ているのに、読者の皆さんは、お気付きになられていませんか。

「**第15図**」は、6月2日の日本経済新聞の経済面に出されていた「2400KW太陽光発電賃貸物件の最終案内」という広告の写しです。

要するに、この広告は上述のわが国の円安傾向の話しとは、直接関係はありません。すなわち、その趣旨は、正に一般投資家に対して、上述の再生可能エネルギー特別措置法によって生まれた、電力会社に20年間固定価格（Kwh当たり36円）で引き取らせることを条件に、広大な18万坪という山林を開発造成しソーラーパネルを張った、「太陽光発電所」を販売しますという堂々とした広告でした。

（注）1Kwh当たり36円という価格は、どういうコストか不明です。多分販売業者（不動産業者）が受け取る金額は、1Kwh当たり42円でしょう。従って36円との差額、Kwh当たり6円は、ベンチャー電気事業者ないし不動産業者のコミッションということでしょう。

ご覧の通り、4区画出力2400KWに区切って売り出しています。直接広告を出したベンチャー電力会社に、電話を掛けて「何故2400KWにしたのか」聞いてみました。

「本当は特別高圧送電線に繋ぎたかったのですが、少し離れた場所まで自前の送電線を引くため、工事費が高くなります。そこで、コストの安い普通の高圧送電線連系にすることにしました。２４００ＫＷは、普通の高圧連系でも良い技術上の限界値です。投資家の方に、ご購入し易い物件にするために工夫したものです」

確かに、投資額（工事予算）は10億円以下の7億円台であり、年間の維持費1千１００万円を支払っても、売電収入が毎年確実に電力会社からＫｗｈ当たり36円で購入してくれることを保障されているという広告です。但し、この契約は20年間は途中契約の解除は出来ません、という条件付きのものです。

したがって、初期投資の負担はあるけれども、確実に毎年売電収入が約9千万円づつ入って来ますので、年間維持費をお支払いになっても約8千万円の収入が得られます。単純に計算しても、この広告の通りですと10年間で投資は回収できます。

20年間固定価格で、電力会社が強制的に買い取ってくれますので、ご契約されれば将来10年後からは、投資額と同じ金額が黙って振り込まれることと同じです……というような内容です。

●ベンチャー電力業者或いは不動産業者にしてみれば、電力という商品を題材にした「こんな上手い商売」があったのかということではないでしょうか。しかも、こうして仮に第16図

の広告の内容通りに契約が実現し、太陽光発電が行われるようになったとしますと、業者の手元には約30億円ぐらいの資金が回収されることになります。よって、この業者は、次の同じような投資家を募る事業を、新たに進めることが出来るわけです。

正に、再生可能エネルギーの促進という手段を利用した、投資活動がバブルのように膨らんでいるということでしょう。

さらに大変なバブル金融の実態が、明かになりつつあります。

1つは、約8億円近くを投資した者（多分ブローカーが多いように思われますが）は、前述のように「アンダー・フィフティ」すなわち50KW未満に分割し、売り出します。すなわち、2400KWを48区画に50KW未満に分割すると、1区画2千万円以下になります。

先ほどのような投資の多くは、個人の投資家が8割だと言われます。団塊の世代の方々が定年になりつつありますが、多くは年金生活者ですので、前述の「アンダー・フィフティ」の場合だと、退職金を充当するのに都合の良い金額ではないでしょうか。

こうして、先ほどの〔**第15図**〕の広告のような物件は、今度はブローカーによって、電気主任技術などが不要な新たな対象となって、投資のバブルが膨らむことに成ります。

2つには、例えば退職金を元手にした個人投資家の資金を、回収してくれるビジネスが生

第15図

2400ｋｗ太陽光発電賃貸物件の最終案内

固定買取価格 36 円　各種申請許可取得済み

株式会社ジースリーは 2013 年 10 月度より宮城県白石市で地権者の皆様と
協議をさせていただきながら設計開発に従事してまいりました。
この度、2015 年 4 月に宮城県の行政のご指導の下、
林地開発許可申請を出させていただきました。
本物件は、2016 年から契約期間開始となり、最長 20 年間の契約となります。
途中契約解除、転売につきましては、不可とさせていただきます。
また、20 年後、契約期間満了となった時点で、契約は打ち切りか、継続かの
協議をさせていただく事になります。

締切
掲載日より
1ヶ月とさせて
頂きます

事業プラン（税抜） 造成費＋施工費 309,000 円 /Kw（連結負担金含む）

物件案内　※売電収入は発電容量 ×36 円 ×1050（年間発電時間予測）で算出						年間維持費		
1	2	3	4	5	6	7	8	(7+8)
土地面積（㎡）	案件名	発電容量	総工費予算	固定単価	売電収入（年間）	賃貸料（年間）	メンテナンス費	諸経費合計
46676	大鷹沢 A	2343.6	¥724,172,400	¥36	¥88,588,080	¥7,001,400	¥4,429,404	¥11,430,804
46676	大鷹沢 B	2399.4	¥741,414,600	¥36	¥90,697,320	¥7,001,400	¥4,534,866	¥11,536,266
46676	大鷹沢 C	2300.2	¥710,761,800	¥36	¥86,947,560	¥7,001,400	¥4,347,378	¥11,348,778
46676	大鷹沢 D	2430.2	¥750,993,600	¥36	¥91,869,120	¥7,001,400	¥4,593,456	¥11,594,856

上記売電収入は気候等の変動は加味されていませんのであくまでも参考です。
注：ご契約時は、総工費＋前家賃＋土地保証金（3 年分）が必要となります。又、売電前にメンテナンス契約を結ばせていただきます。
注：維持費には各固定資産税は含まれておりません。　注：今後買い取り制度の見直し等については経済産業省のＨＰをご確認ください。
注：固定資産税は、オーナー様のご負担となります。　注：20 年後、更地に戻す場合の費用はオーナー様のご負担となります。
注：年間発電時間予測は当社調べ。当社既設の群馬県伊勢崎市赤堀今井町にあるメガソーラー（9000 ㎡）の 2014 年 1 月から 2015 年 1 月までの平均値から算出したもの。

自信をもってお勧めする G3 推奨部材

取り扱い部材（メーカー直輸入）

・モジュール　高効率モジュール
・接続ケーブル　1mからでもお見積り可能
・架台・杭　材質、形状にこだわり抜いた製品です
・接続箱　監視システム用送信機能付き

これらはすべてお見積りに含まれています。
別途単体にてご購入希望の場合はお見積り致します。

G Three
www.g-three.co.jp/

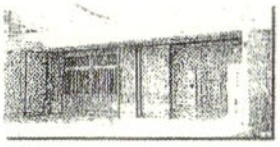

運営会社
株式会社ジースリー
群馬県伊勢崎市長沼町 228
TEL.0270-61-7083
MOBILE:080-5920-7865

メンテナンス
宮城ソーラーパートナーズ
宮城県角田市角田字泉町 98

（資料）　日本経済新聞　2015年6月2日刊より引用

まれます。太陽光発電の20年間売電固定価格買い取り保証が付いた契約書を、一種の担保証券とみなして、それを買い取る金融機関が現れるということです。いろいろな情報がありますが、ゼロ金利の世の中ですので、中国等も含む海外からのファンドなどの豊富な資金が、こうした物件に対する格好の投資対象となります。これまた「脱原発」の代替として、再生可能エネルギーを早急に導入する手段として始められた、「固定価格買い取り制度」が齎しているとんでもない結果なのです。

◇「電力会社解体法」の真の狙いは原発稼働を抑えるためだった

冒頭にも述べましたように、今国会で遂に新たな電気事業法の改正、すなわち「電力会社の送配電部門を法的に分離する法律」が成立しました。

現在この原稿を最初書きはじめた6月1日は、ガス事業法の全面自由化をも含めた「エネルギー関連の束ね一括法案の審議」と称して、参議院での審議が始まる段階でした。

その審議入りの冒頭、安倍晋三首相は、次のように述べました。

「2030年度の電源構成（エネルギーミックス）や集団的自衛権、電力設備のサイバーセキュリティなど幅広い分野で議論して貰い、《エネルギー選択の自由度拡大》などにより、わが国の成長に繋げていく決意である」

●《エネルギー選択の自由度拡大》というのは、電力会社やガス会社の生産部門と輸送部門とさらに販売部門を分離し、それぞれの部門に新規参入者が自由には入れるようにするということです。何とも響きの良い言葉です。（注）以下電力に限定して述べます。

しかしまことにおかしな話ですが、先ほどから述べておりますように、首相の発言は4年前に「脱原発」を目途に、当時野党だった自民党と公明党も一緒になって「民主党の菅直人首相とソフトバンクの孫正義社長が中心になってつくりあげた《原発代替法》とも言えるような「再生可能エネルギー特別措置法」をつくったことに直結しております。

●すなわちこの「原発代替法」の施行から4年間を経た今、明確なことは、とても使い切れないような太陽光発電だけでも何と「6938万ＫＷ」、さらに風力など他のものを入れると「7199万ＫＷ」という、目が飛び出るような膨大な再生可能エネルギーからの発電容量を、昨年の10月末現在認定してしまったというのです。（総合エネルギー調査会資料による）

この電力がどれだけ大きいかといいますと、昨年概ね現在の日本全体で必要な電力（Ｋｗｈ）を賄うための発電設備（1億ＫＷ）でしたので、その約72％にも当たります。東京電力で必要な設備量を1千万KWも上回ります。関西電力全体や、中部電力全体の大体2倍近い大きさです。そして、九州電力・東北電力・中国電力よりも5倍以上大きいいし、北海道電力・北陸電力・四国電力などの約10倍以上もの大きさです。

多分、発電事業の認可を貰った人たちは、①Kwh当たり40円前後という高価な販売　②20年間の固定価格保証　③電力会社に強制的に売る権利　④当初3年間の認可保障という4つの権利を得て役所の認定を貰ったわけですから、必ず発電事業を開始して商売をしようとするでしょう。

●極端な言い方をすれば、「《原子力》はいくらコストが安いからといっても、また太陽光や風力発電などがいくら不安定な電源でコストが高いからといっても、そんなことは関係ありません。是非、政治家と官僚の皆さんが、こぞって事業を興せ、原発の代わりに必要だと言われるから、申請し認可して貰ったものです。是非、発電事業をやらせてください」といわれるでしょう。

⇓　すると、とても電力会社では調整出来ないから、「行政（官僚）」に差配して貰わないとどうにもならない。そのための理屈は無いか……原発事故で国民が白い目で見ている電力会社だ。あの生意気な地域独占体制を壊すという理屈にすれば、発送電分離が出来る。欧米がやっているではないか。それを主張している学者などを集めて、エリートの官僚に早く法律改正をやらせるべし。そうだ、原子力発電は出来るだけ抑えながら、われわれが認可してしまった太陽光発電などが、稼働できなくなるとわれわれの失策になる。

⇓　結果的だが『原発を抑えること』しか無い。この法律改正だけは与野党協力して、とにかく勝負するしかない。

概ね、こんなところがこの度の電気事業を解体しなければならないという、《真因》だったのではないでしょうか。

だとすれば、正に政治の失敗です。国民は頭のいい政治家とエリート官僚にマスコミも含めて、完全に騙されているようなものです。可愛そうなのは、正に推定犯人にされてしまった電力会社と一般の国民の皆さんです。

しかしそういう政治家を選んだのは、結局は「国民自身」です。

「**第16図**」は、6月2日にわが国の温暖化ガス排出量を、「2030年には2013年比で26％減らすこと」を目標に打ち出した、電源構成の一覧です。（日本経済新聞6月3日付）

真近かに迫った日本で開催される、各国首脳によるG8サミットに間に合うよう、慌てて策定したということでしょうか。それにしても奇妙なのが、2030年のわが国の電源構成における「原子力発電のウエイト」が20～22％なのに、これに対して太陽光発電などの「再生可能エネルギーのウエイト」が22～24％と、ほんの少し高めに出されている点です。

これは私が述べて来ましたように、発端が脱原発の代替として再生可能エネルギーを取り入れるとした、4年前の後遺症（太陽光発電だけでも7千万KWも認可してしまったこと）であることは明白であります。すなわち、もしも太陽光発電の7千万KWという数字をそのまま生かした電源構成にすると、多分、再生可能エネルギーのウエイトは、途端に35～40％ぐらいまで上昇するでしょう。そうなると、原子力発電のウエイトを10％ぐらいに減らし、同時に不安定電源の調整のための送電、変電設備や配電設備、開閉装置並びに大型蓄電設備等に莫大なコストを掛ける必要が出てきます。そうしたことはとても出来ないので、そこで「第17図」のように、僅かに原子力のウエイトよりも高めにして体裁を保ったとしか言いようがありません。結論を言えば、要するに元々、原子力をゼロにするために打ち出した再生可能エネルギー導入方策という方針を未だに引きずっているのです。

すでに述べておきましたように、唯一種類しか無い電力（Ｋｗｈ）という商品は、徐々に販売量が減っております。減っている市場に莫大な設備投資を行なえば、元々固定価格でコスト高の太陽光発電ですから、逆数倍に電気料金は増えて行きます。

第16図　政府が打ち出した温暖化対策のためのガス削減目標と2030年の電源構成

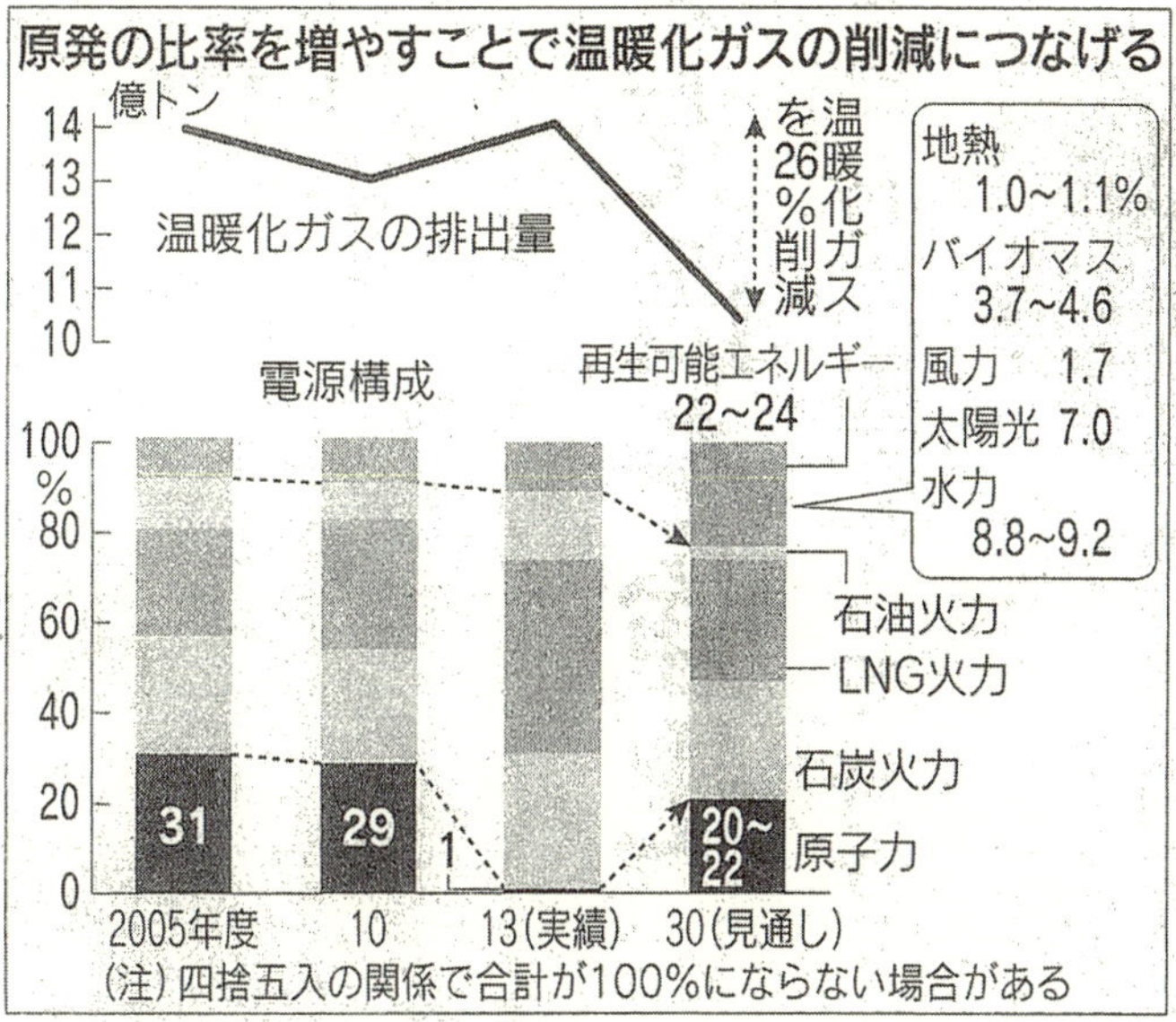

(資料)日本経済新聞　2015年6月2日刊より引用

ですから、首相が主張されるような「発送電を分離して、電力取引市場の自由度を高めれば、それが成長戦略に結び付く」と言えるかどうかとても疑問であります。

第7章　「原発」に対する基本的な認識

この章の要旨

少なくとも、現在のわが国の電力資源の中に「原発ゼロ」という考え方は、政府の政策として、全く取られて居ないと言うべきでしょう。むしろ、原子力すなわちウラニュームを燃料源に利用した原子力発電の必要性は、安倍政権の下で纏められた閣議決定に於いても「原子力は重要なベース電源」と位置づけられているのです。

それにもかかわらず、全ての地球環境問題をも含む電力やガスを含む資源エネルギー問題が、4年前の民主党政権が策定した「原発ゼロ⇓再生可能エネルギーに転換」という政策からの課題を引きずって、中途半端な政治行政の諸方策がたてられております。民間企業も国民も、そうした曖昧な施策に翻弄されて大きな犠牲を払わされ、これからさらに政治と行政官僚の失策の尻拭いをさせられかねません。

そうした曖昧な状態を振り払うには、やはり基本的な認識（思想）と、それに立脚したわが国の方針という筋道を明確化することが、必要かつ重要なときです。明治開国から、152年目の2020年を一つの節目として、日本が新たな開国という意気込みで、世の中の課題を解決していくという覚悟をするのに、大変相応しい時期に来ていると思います。

すなわち、この際、改めて資源の無い日本という国のエネルギー源として、ウラニュームを利用した、原子力は貴重な資源として利用して行く必要があるという考え方を、明確に打ち出す必要が在ります。

言ってみれば「原子力発電（原発）」に対する民主党政権時代の間違った考え方（思想）を治すという、基本に立ち返ることをしない限り、それこそこれからの改革は進まないと思います。一言でいえば、日本人が、ウラニュームが発する「放射能忌避」の絶対的な姿勢を改めなければならない時代に突入しているということでしょう。

第1節　怖がり過ぎではないか？

◇民主党政権下の「脱原発70％」という意見の嘘
――「政府主催公聴会」の実態

私の実際に体験した話を、先ずご紹介しましょう。

今振り返ると、こんな凄まじい一方的に政府が取り仕切る「公聴会」という名の、《脱原発世論づくり》が、堂々と行われていたのです。

時は、平成24年（２０１２）８月４日（日）14時～16時半、場所は福岡市博多区に在る県庁合同公舎の中の会議室。会議の主催者は、当時、民主党の国会議員だった古川元久国家戦略担当大臣でした。この頃すでに、上述した通り、菅直人首相と孫正義ソフトバンク社長が中心となって脱原発の代替電源として太陽光発電等再生可能エネルギーを積極的に導入するための「特別措置法案」を早々に国会で成立させようとしており、その最終段階に差し掛かっていた時期でした。

このため当時、民主党の菅政権は国民世論を聴くという趣旨で、「**第17図**」にあるように

第17図　エネルギー・環境の選択に関する意見聴取会

（全国11会場の内訳一覧）

	埼玉 (7/14)	仙台 (7/15)	名古屋 (7/16)	札幌 (7/22)	大阪 (7/22)	富山 (7/28)	広島 (7/29)	那覇 (7/29)	高松 (8/4)	福岡 (8/4)	福島 (8/1)	合　計
申込総数 (A)	541	175	352	286	585	250	265	46	167	242	216	3,215
意見表明申込者 (B)	309	93	161	129	318	117	117	9	67	127	95	1,542
ゼロシナリオ (C)	239	66	106	106	211	65	73	8	28	81	—	983
15 シナリオ (D)	30	14	18	10	40	15	12	0	10	9	—	158
20-25 シナリオ (E)	40	13	37	13	67	23	17	0	10	17	—	237
3つのシナリオ以外 (F)	—	—	—	—	—	14	15	1	19	20	—	69
参加のみ申込者	232	82	191	157	267	133	148	37	100	115	121	1,583
定員・当選者数	250	130	120	242	154	192	127	62	192	212	378	2,059
実際の来場者数 (G)	170	105	86	172	108	120	79	37	120	139	161	1,297
(C)/(A) %	44.2	37.7	30.1	37.1	36.1	26	27.2	17.4	16.8	33.5	—	30.6
(C)/(B) %	77.3	71	65.8	82.2	66.4	55.6	62.4	88.9	41.8	63.8	—	63.7

資料：政府の「エネルギー環境会議」

（注）この意見聴取会は、2012年7月14日～8月4に亘って行なわれた政府主催の会合であり、上記都市名の下の数字は、それぞれの開催期日を表している。

（資料）永野芳宣著「脱原発は日本国家の打ち壊し」38頁より引用

7月14日以来全国11都市で公聴会を開いておりました。上述の「福岡」は最後の公聴会だったようです。

しかも、この政権が如何に「脱原発」と入れ替えに「再生可能エネルギー」を急いでいたかが判るのは、上記の埼玉で行った7月14日の公聴会が何と、「再生可能エネルギー特別法案」の衆議院での審議入りの日だったのです。それから政府は、慌ただしく全国11か所で公聴会を開きますが、福岡での8月4日を最後にした意見を取り纏め、一週間後には「公聴会の結果は国民の7割は《原発ゼロ》を望んでいる」と古川大臣が首相に報告しました。

こうして前章ですでに述べた通り、「再生エネルギー特別法案」は8月23日には衆議院を通過し、8月26日には全会一致で参議院で可決成立しております。

●したがってこの公聴会は、政府の「脱原発」と「再生可能エネルギー推進」とをパッケージで、国民世論として固めようという意図が明白な所作事だったのです。

如何にこうした策略が巧妙に行なわれたか。参考までに紹介しておきましょう。

先ず、この公聴会については、出席希望者がインターネットで応募しなければならず、その際に「あなたは、2030年の時点で原発が①ゼロ　②15%　③15~25%　④その他　のどれを望んでいるか」という問いに、応えなければならないことになっていました。さらに、選択した理由を百字以内で書くこと。応募者は抽選で選ぶと言うことでした。
●しかも、この時期「電力会社は悪者だ」というマスメディアの宣伝に乗せられて、政府は《電力会社の関係者は応募資格なし》という、正に人権侵害の仕打ちまでしたのです。
私は元電力会社社員ですが、現職は大学教授ですので申し込みを受け付けてくれました。そこで、④の「その他」を選び、「原発は電源構成の25％以上必要」という理由を書き、同時に発言したいと希望を付してメールで応募しました。

理由として、次の通りメールを入れておきました。
※示されている15～25％までだが、将来原発はもっと必要。
※原発停止で燃料費増、CO2対策費増、自然エネ買い取り費増で料金上昇必至。
※早く原発稼働しないと企業も家庭も耐えられず。
※本来、もっと時間を掛けこの国民的課題は慎重に検討すべし。
多分彼らの趣旨から考えると、「原発25％以上などとは、全く好ましからざる人物」ですので、出席させて貰うのは難しいと思っていました。

ところが、思いがけなくネットで数日後に、「出席可」の返事があり、同時に「発言者には選ばれませんでした」と書いてありました。

第18図　各電源の発電コスト〈民主党政権時代〉

（2004年試算/2010年・2030年モデルプラント）

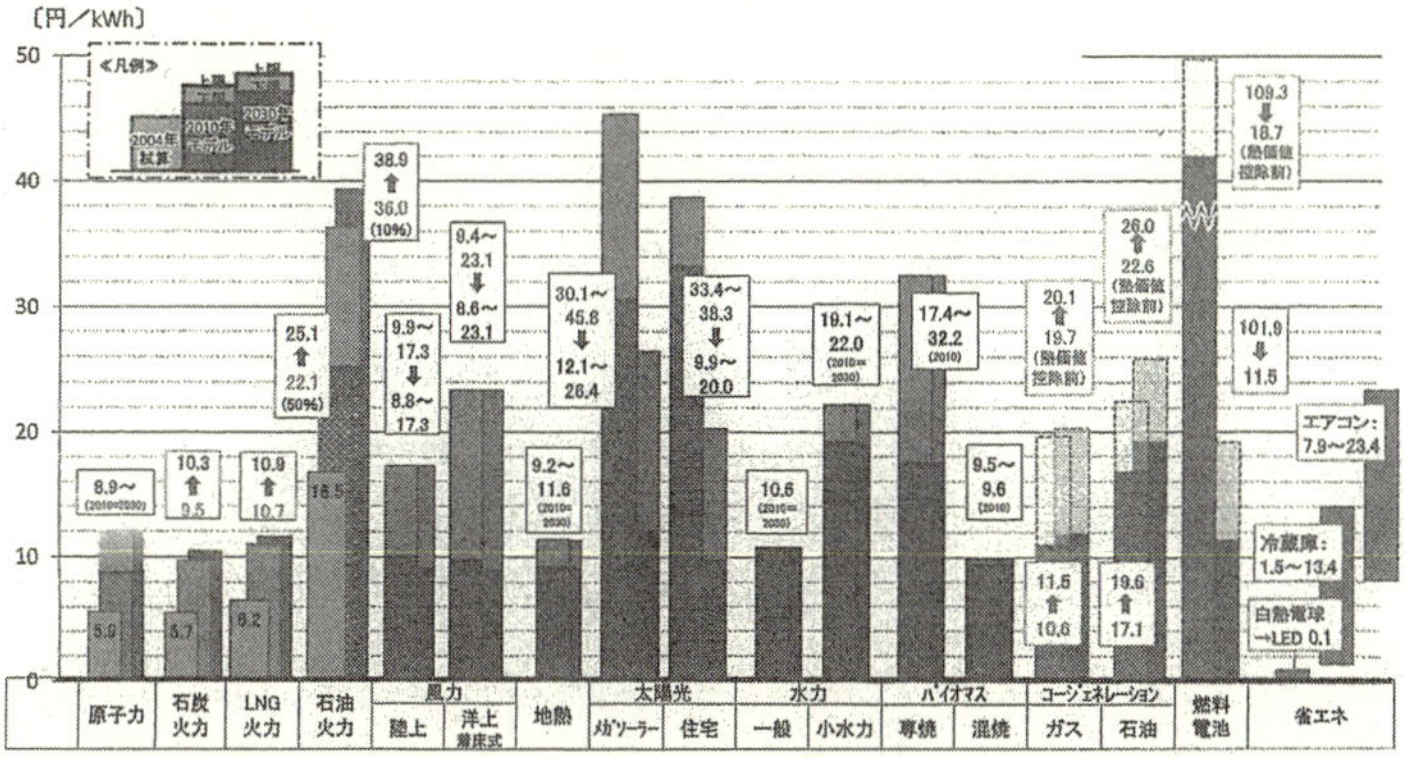

（資料）永野芳宣著「脱原発は日本国家の打ち壊し」39頁より引用

当日は厳重なチェックを受けて県庁舎内の会場に入り、時間通り会議が始まりました。主催者の古川大臣が、挨拶しました。驚きました。

「脱原発の方針は、菅首相が民主党政権の方針として、すでに了解されている」と述べたのです。これでは、何のための公聴会でしょうか。「脱原発」を確認する市民会議を、政府主催で行ったということです。

しかもその後、政府の資料の説明が簡単にありました。「**第18図**」はご存知の通り、当時、民主党が官僚につくらせた「各電源の発電コスト比較」です。

だが、何しろこの表の後ろには、次のような国民に対する無言の了解事項があったのです。

『国民のみなさん、太陽光発電や風力発電など、Ｋｗｈ当たり40円以上もするものを、どうしてもゼロにする原子力発電の代わりに導入せざるを得ません』、したがって『今のところ、そうした再生可能エネルギーは、コストが高くても止むを得ません。将来は、ぐっと安くなりますのでご了解ください』

こうして、市民を代表するかたちで、公聴会が始まりました。司会者が、本日の発言者は、12名に決めたと述べ、その決め方が説明されました。

『来場者は１３９名（意見発言要望者１２７名）の内訳は、原発ゼロ81名、15％９名、15～25％17名、その他20名です』

『よって、発言者は原発ゼロの方から6名、15％2名、15～25％2名、その他2名としました。それでは、先ず原発ゼロの○○さん、どうぞ』

こうして、一人5分間程度のスピーチが始まりました。原発ゼロの発言者が、6名が5分間づつ約30分間の独演会が行われたのです。その酷い話は、すぐ後で披露します。

好まざる人物の私が「出席可」となったのは、後で判ったことですが、何と応募したのは九州地域に住む住民（１２７０万人）の０・００２％にしか過ぎない２４２名だったのです。参加定員が212名でしたので、申し込んだ人の9割は参加出来たということです。或いは、申し込んだ人は全員「可」にしたけれども、出席しなかった人が居たのかも知れません。

しかし、何万人或いは少なくとも数千人が申し込んだというなら判りますが、僅かに200人ぐらいの参加で、公平に九州全体の意見を聞いたということになるのでしょうか。

第17図を見ると、他の10の都市も大体は福岡と同じような状況が伺えます。

しかも、広島・高松・福島の3県では、応募者が定数割れになっています。

翌日の新聞を見て驚きました。「福岡での市民の7割が原発ゼロ」という記事になっていたのです。

これは全く「嘘」としか言いようがありません。「嘘」というより、《捏造》と言った方が良いかもしれません。

何しろ、発言者は予め「原発反対者」に絞ってありましたし、その中の1人は「福島原発周辺地域から避難して来た人」でした。その上で、主催者が「概ね皆さんの意見は、放射性物質を撒き散らすような原発では無く、太陽光や風力のような自然エネルギーが良いというご意見のようですね」と締めくくったのです。

◇驚くべき造られた公聴会の実態

上述の政府主催だった「脱原発」を求めるような、公聴会の実態について、読者の方々に知って頂きたいと考え、もっと具体的な状況をご紹介しておきます。

その日は8月4日日曜日でしたが、真夏の太陽が照り付ける正に茹だるような摂氏30度を超す暑い最中の昼下がりでした。開始時間の定刻午後2時、その10分ほど前でした。大勢の人が、列を作っていました。

もちろん、入り口で入場資格があるかどうかのチェックをされた後、持ち物の検査、そして首に懸けるようになった番号札が渡され、廊下を歩いていくと大きな会議室に、すでに7割ぐらいの人たちが、合計17、8列ぐらいある固い椅子と長テーブルの机に、2人掛けで横に4列ほど、すなわち8名が腰かけているという状況でした。やはり、先ほどの18図にあった通り、139名が参加していた公聴会でした。

後ろから三分の二ぐらいの所に空いた椅子があり、そこに腰かけて後ろを見ると、ずらっと15台ぐらいのマスコミのカメラの放列です。

前方のテーブルには、主催者の大臣以下数名、それに発言予定者の12名がすでに皆の方を向いて、座っておりました。

先ほど述べた通り、それから「原発ゼロ主張者」の6名が、放射能の怖さを次々と述べたためか、原発が必要という発言者も影響されたか、全員が「今は少しは要るが、将来は無いほうが良い」という言い方になってしまいました。

省エネルギーの号令が掛かっており、冷房は使っておりません。よって、室温35度から40度近い蒸し風呂のような部屋で、体から吹き出し流れる汗を我慢しながら、じっと約1時間半我慢せざるを得なかったこと。その上で残念ながら発言したくても一言も発言無しで、とぼとぼと自宅に帰ったのを思い出します。

すでに、このことはそれから約2か月後の、2012年10月に発行した『脱原発は《日本国家の打ち壊し》』（財界研究所発行）と題する新書版の拙著の中で、より詳しく紹介しております。

それでは、こうした折りに「脱原発主張者の発言」は、一体どういう内容だったたか。

同書に載せた、3つの発言内容を再録しておきます。その他の発言も、似たよりのものでした。（前掲書30〜31頁より引用）

《「あの3・11の大地震とツナミ以来、福島原子力発電所の近くに住んで居た私は、故郷を追われて九州に身を寄せています。放射性物質の散乱のため、先祖伝来の家には永久に帰れない。この悲劇が、みなさん判りますか。日本国中で、私たちと同じ悲劇を決して繰り返さないためにも、今すぐに全ての原発を廃止すべきです」

会場から、大きな拍手が起きました。

発言したのは、甲高い声の六十代の女性でした。

すると今度は、五十才ぐらいの男性が低い声で発言しました。

「原子力発電所を再稼働しないと、計画停電になると電力会社は言っていた。ところがどうです。みなさん。原子力が全部停まっているのに、停電なんて起きていない。原子力発電所が必要だなんて言うのは、嘘だよ。これは、電力会社と原子力ムラと役人の陰謀だ。原発なんて要らないよ。子供たちを守るためにも、放射性物質が何時飛び散るか分からない原発は即時廃止し、地球温暖化に貢献する風力や太陽光など再生可能エネルギーを急いで導入すべきだ」

また、「そうだ」と言う声も掛かり、同じく拍手の嵐が起きました。

「私も同感です。二十年間の再生可能エネルギー全量買い取り制度を是非維持してください。トイレの無い原発は早く廃炉にしましょう。総括原価などと言って、誤魔化している電力会社の賃金はもちろん、何もかも洗いざらい追及してむしろ値下げさせましょう」

今度は、三十代ぐらいの若い女性の発言でしたが、今までよりもさらに大きな拍手が起きました。》

第2節　余りに原子力を怖がり過ぎにしてしまったのは何故か

このように、資源の無い日本でありながら、3・11から始まったわが国のエネルギー政策、なかんずく電力（Kwh）の燃料源を過去半世紀にわたり、原子力発電の基になる「ウラニューム」に大きく頼って来たのに、未だに元に戻れないのは何故でしょうか。

●いろいろな原因が幾つかあるでしょうが、私は少なくとも次の3点が基本的なことであると思います。この3つのことを解決しなければ、資源の無いわが国が世界の現状を俯瞰しながら、正しいエネルギー政策を選択して行くことが、ますます難しくなっていくと考えます。

第1は「日本の放射性物質に対する安全基準」が、厳し過ぎること。

第2は原子力の判断について、「地域地方の自然環境の違い」を、全く無視していること。

第3は過度の太陽光容認の「失敗」を、原発忌避にすり替えざるを得ないこと。

いずれも、極めて重要な問題点です。

識者の方も、こうした点についてなかなかはっきり言われませんが、一つずつ説明していくことと致します。

◇厳し過ぎるわが国の放射性物質安全基準

既に第4章の「恐怖の法則を脱出せよ」で述べた通り、3・11で脱原発、そして原発即時ゼロを政治目標に掲げた民主党政権は、特に事故を起した福島第一原子力発電所地域における、放射性物質の濃度を「1ミリシーベルト以下」とすることを決めました。

これは大変なことであって、例えば未だに発電所から5Km圏の人たちが戻れないのは、そのための除染作業が困難を極めているからです。

1ミリシーベルトと決めた根拠は、かってチェルノブイリの事故が起きた時、国際放射線防護委員会（ICRP）が、「いかなる場合でも線量が、年間1ミリシーベルト超える場合は避難するように」と、勧告しているのを参考にしたものです。

しかし、この勧告は今や誰も信じていないものになっております。正しく、アメリカのコロラド州デンバーの自然放射性物質から出る線量（3ミリシーベルト）の3分の1に過ぎないからです。

すなわち、この今から20年以上も前の、チェルノブイリ事故後に出された「ICRP」の判断は、先に紹介したUCバークレー大学の物理学教授のリチャード・ムラー博士が述べるように、「委員会のこの勧告は、慎重し過ぎて失敗したならその逆よりよい」ということだったようです。

（注）日本語版のリチャード・ムラー博士著『エネルギー問題入門』（楽工社発行）34頁参照

●よって、民主党政権が当時「1ミリシーベルト」という、言ってみれば超法規的な、世界で何処も採用していないものを、「緩い基準より厳しい方が、国民が安心しますから」という単純な判断で、そうしたことに依拠したのは、《放射性物質》という言葉に対しての、国民感情を一層委縮させてしまった、正に失敗だったというしかありません。

いみじくも、ムラー博士が、前述の書籍の中で指摘している、とても重要なことを紹介しておきましょう。

※「1ミリシーベルトを理由にチェルノブイリから避難を継続したこと（あるいは東京で暮らすことに恐怖を感じること）によって生活が破壊されることの方が、放射線そのものよりも有害かも知れません」

※「(例えば) 薬の副作用の方が、その薬によって治療する病気よりもひどいのかもしれません。ICRPの基準を厳密に適用するなら、(年間3ミリシーベルトの自然放射線量を長年被曝していて何でも無い) デンバーの住民は今すぐにでも、避難を命じられることになるかもしれません。

※1979年のペンシルバニア州スリーマイル島の原発事故のあと、放出された放射能による健康被害を調査するために、ケメニー委員会が招集されました。委員会は、放射能による主な被害は、ガンではなく、無用のパニックによって引き起こされた精神的ストレスである、と結論づけました。

実際に原子炉から放出されたいかなるものよりも、ストレスに誘発された喫煙によって健康被害を受けた人の方が多かったようです。

(注) いずれも、同じムラー博士の前掲書34頁から引用

●このような事例を基にしたことから判断しても、すでに現実の世の中の判断基準が大きく変わっているのに、その基礎ないし根拠となる「放射性物質」に対する物理的な安全基準を、この際「常識的な基準」に、早々に見直すことこそ、安倍政権与党と官僚の必要な役割ではないでしょうか。

◇地域の地勢・地政と環境を無視したエネルギー（電力）指針の止揚

本章の第1節で、3・11直後に民主党政権の菅直人首相が、従来の原子力中心の電力政策から一転して「原発即ゼロ」それを踏まえ「太陽光発電等再生可能エネルギーで完全代替」という180度転換政策を打ち出した時の状況を述べました。

そこで紹介したように、当時は民主党の政策に乗って、事故があった福島原子力の地域から全国各地に避難して来た人たちの多くが、口にしたのが次のような話でした。

※「私たち福島の悲劇があなたたちの所にも、起きてよいですか」
※「私たちのような悲惨なことにならないように、原発反対を唱えましょう」
※「原発を日本から一掃しなければ、放射能は無くならないし、ガンも防げません」
※「原発の事故で受けた、私たちの苦しみを、あなた方の地域で引き起さないでください」

そうした実際に、福島の現地で体験し苦しまれた方々の発言を、否定する積りは全くありません。その通りだと考えます。

そして、未だに現実に苦しんでおられる方々が、同じような問いかけをされることを、拒否したり間違いだと言う積りも全くありません。また、苦労されている方々に国民の1人として、心から同情しております。それに、既にもう半世紀以上にもなり私も年齢80を過ぎましたが、福島（会津若松など）の現場で一緒に仕事をしながらお世話になった方々が、時々思い出されます。そうした人たちの、ご関係者やご家族が大震災の中で、どうされたのだろうかと瞼に浮びます。

しかしながら電気事業の課題について、以下のような点は、私は余りにも政治と行政の処方が、一方的かつ配慮の無さ過ぎることであると、明確にこの際、指摘しておきたいと思います。

第1に、2千Kmにわたって細長い日本列島は、同じ様な風土であっても、「地勢」すなわち自然が産み出すそのかたちや場所によって内容が、全く異なること。

第2に、そこに住む住民の対応力や組織力など「地政」に、大きな差があること。

第3に、わが国の電気事業という公益事業は、かつて国鉄・電々・郵政など三公社五現業の模範となるほどに、「おもてなし」に優れた技能とマネジメント力を保持していること。

この3点を抜きに、電力（Kwh）の生産販売組織の改革は、語れないと言えます。

日本人にとっては、生命維持手段にも等しい「片時も疎かに出来ない《特殊商品》」を、生み出し供給してくれる組織であると言っても過言ではない「電気事業」の解体を意味する法律の改正は、正に日本人自身が自分で自らの首を絞めるようなものです。
以下、それぞれ説明します。

◇地勢の違いを大切にすること

気持は先ほども述べたように、本当に理解しております。だが申し訳ないけど、福島の話を例えば九州にお出でになって、「私たちの苦しみと同じような状態にならないように、原発を止めましょう」と、正に感情的に言われては迷惑なのです。

全く自然の条件が、九州と福島では違うのですから。「地勢」が異なるのです。それこそ、最も気になる地震の断層の存在も、火山の存在も、そして台風や気象や日照時間もさらには、農林水産業の実態も殆ど異なるのです。

私の上さんは、それこそ関東地方の出身です。東京で50年以上暮らしておりましたが、今から12年ほど前に「生まれ故郷の福岡に帰る」と告げた時、上さんは何と言ったか。「九州なんて、外国と同じ。そんな処には、一緒に行きません」と、声を張り上げたのです。

私は今になって、逆に上さんに感謝されております。

「福岡のように、地震も津波も台風も、殆ど心配する必要のない処に来てよかったね」という具合です。

台風のシーズンになると、テレビや新聞などで「福岡地方に接近し、風速30メートル以上、一時間当たりの降雨量が百ミリ」などと報道われると、上さんの東京や関東地方の友達から、メールが来たりさらには電話が掛かって来て、「大丈夫？」と言われるそうです。

確かに報道などでは、用心してかそういう危険な話が伝わるようですが、実態はこの10数年間に台風がまともにやって来たり、洪水になるような大雨だったということは、殆どありません。また、大地震等はこの地方は、それこそ私が生まれ育って既に80年以上経ちますが、3・11のような大規模かつ未曾有の巨大地震・津波のような経験は一度もありません。全く無いと言えば嘘になりますが、しょっちゅう夜中にびっくりして飛び起きるようなことはありません。

そのくらい、地域地方に違いがあるのです。

それでも、「あなた方の所だって、必ず大地震が来ることが全く無いとは絶対にありません。その用心を、私たちの厳しい経験から学んで頂きたい。原子力発電が、福島やチェルノブイリと同じように、大事故を起したらどうするのですか。そんな危険なものは、是非この国から無くしましょう」、と主張される方が居られます。

そういう方のご意見が、在るのは知っております。然し、そのような何万年或いは何千年か先に起こるかも知れないことに、「絶対起きることだから、貴重な原子力発電所と言う機械を廃棄せよ」と言うのは、余りにも乱暴です。

例えば、今朝この原稿を書きながら朝刊を読んでいました。するとそこに、「来年のサミットは、風光明媚な三重県の伊勢志摩のホテルで行い、伊勢神宮に各国の首脳を案内したい」と、いうニュースが報じられておりました。開催場所について安倍首相は、大変良い選択をされたと思いました。

この長い日本列島の中で、色々な候補地が挙がっていたようですが、前々回の沖縄、前回の北海道洞爺湖に次いで、今回もセキュリテイなども十分に配慮して決めたようです。

だがしかし先ほどの話しと結び付けて、考えて見ましょう。もしも今回のサミットの場所について、「大地震が来るから危ないという判断」を取るなら、この伊勢志摩のホテルは、本当に大丈夫？　ということになってもおかしくない場所ではないでしょうか。

最近、地震災害の話題で最も危険性が高いと言われるのが、「東海南海地域大地震」であり、必ず30年以内に起きる確率が、《70％》とも言われております。例の3・11の直後、当時民主党内閣の菅直人首相が、平穏に78・6万KWの出力で運転をしていた「中部電力、浜岡原子力発電所」を危険だからと言って止めさせたのは、正にこの東海南海地域大地震を恐れたからでした。もちろん、すでに4年以上が経ち、何事も起きておりません。そのための、中部電力の被害は燃料代だけでも多分3兆円、それに電気料金の値上げなどを考えると、大変なダメージです。

もしも、政府が同じように民主党政権だったら、同じ理由でサミットの開催場所に伊勢志摩は決して選ばなかったでしょう。このように、判断基準が異なると物事の決定は大きく違ってくるのです。

●是非とも、これから配慮すべきことは、福島の原子力発電所の事故による地域社会の被害を、金科玉条のようにして2千Kmにも及ぶ、細長く自然条件の地勢が全く異なるところに持ち込むという判断は、やってほしくないし、そういうことを早く払しょくすることが、原子力発電という貴重なエネルギー資源を、日本が生かしていくための前提であると思います。

最近の情報によると、ようやく福島の事故付近の帰還制限が、殆ど解除されるとニュースもありますので、新たな節目に来ていることを、深く考えるべき時期ではないかと考えます。

◇地方地域、地政の違いを理解すること

次に私は、今述べたような自然条件という「地勢」に違いがあれば、当然、住んでいる住民のこうした自然の形・姿・勢いなどに対する「対応力」が、完全に違ってくると思っております。「方言」という言い方は、最近よくないと言われますが、言葉が違うように日本列島に地域地方における「人間集団の組織」、その治め方にも大きな違いがあると言えます。

例えば、最近、私は医療とか介護とかのあり方に興味があり、若干研究したり随筆を書いたりしていますが、そうした中で面白いことを発見しております。一つの例を挙げますと、全国に現在、病院の数が9千弱、クリニックといわれる病床20以下の医院が約10万か所在ると言われます。そうした中で、近頃は高齢者がどんどん増えて、最寄りのそうしたクリニックと結ばれた《患者のおもてなしが上手》な「かかりつけ薬局」が、段々に重宝がられるようになっているそうです。

そこで、或る有名な全国に展開している大手の薬局では、24時間体制で訪問介護の患者への対応に心掛け始めたようです。そうした中で、やはり地方地域によって大きな違いがある

ということでした。何が違うのかと言えば、緊急電話を掛けて来る患者が、たいへん多い地域と、そういうことが全く無いところとがあるそうです。

余り具体的なことは言えませんが、関西地方と関東地方では大きな違いが在るようです。一言でいえば、関西の方はちょっとしたことでも、直ぐに電話をしてきて、細々と体調と薬の効能などを聞かれるそうです。この傾向は、患者数の大小とは関係ない話です。

地域地方の状況の違いを知って頂くために、最も人間が個人的に関心のある医療や介護と薬の話を例に出しましたが、このことは電気事業の対応に於いても殆ど似たような、地域地方による違いに繋がる話しだと、私は考えております。

これも今朝のニュースですが、5月29日（金）の9時過ぎに突然噴煙が噴出した、鹿児島県の小島「口永良部島《くちのえらぶ》」には、700名の住民が暮らしていましたが、全員直ぐ隣の屋久島に避難しました。ところが、4日後の6月2日（火）停電が発生して、観測機器などが故障し外からのカメラや通信データなどの記録と監視が不可能になりました。

そこで、ちょうど噴火から1週間後の6月4日（木）、九州電力の技術者が数人で県の職員などと一緒に、急遽ヘリコプターで噴煙の中、現場に入り、即座に復旧作業を行ったと、その様子をテレビでも報道しておりました。

日本列島は、何処の地域も島礁を抱えていますが、数千の島と火山を抱えているこの地方を受け持つ九州電力という私企業組織は、こうした災害時には無くてはならない、「プロの技術」を持っている貴重な集団なのです。

●しかも私企業とはいえ、こうした公共的な使命を持っている電力会社の役割は、一般に《ユニバーサル・サービス》という分野に入るのでしょうか。決して電気料金と言うような、計算されたコストには計上されていない、いわゆる《おもてなし》といわれるものではないかと考えられます。

別の言葉でいえば、こういうような公共・公益的なサービスが、地域の風土文化を守る大きな下支えになっているように思います。したがって、国や政府行政の治め方が、何でも全国一律にやれることでは無い、という点を是非とも踏まえて頂く必要があります。

いずれにしても、すでに読者の方々はお判り頂けたと思いますが、地域地方にはそこに存在する「自然と対峙しながら生活している地域住民の独特な苦難の歴史」が在り、そうした独特な自然と人間は共生しながら、リスクを抱えて戦って生きているのが実態です。

●よって、他の地域に生じる数々の事件や事故を、貴重な経験的材料とする必要は当然あります。しかし、それを参考にしてこれからの対応対策の万全を期するのは、正にその地域自体の判断です。要するに「放射能」の話しだからと言って、他から押し付けるようなことは是非とも止揚して頂くことが必要だと思います。

◇地域社会に根付く電力会社「おもてなし」
――発送配電分離で不可能に

毎月1回のペースで、私が東京で経済界の経営者の方々と、学者の方々と行なっている勉強会があります。つい最近、成熟社会の「エネルギーとか資源すなわちモノの飽和状態」をどう捉えるかということが、議論になったことが在りました。

その時、一人の著名な女性の経済学者の方が、次のような発言をされたことが、たいへん印象的でした。少し、その発言を要約して述べると次のようになります。

『経済学では「外部効果」あるいは「外部性」という概念がありまして、簡単にいうと物理的に社会中で有効に利用はされているけれども、市場で取引はされていないものが在るということです。自然の美しさとの調和で、料金が設定されたり品物が売れたりするけれども、そこに特定されている美しい風景は値段を付けて売れない。あるいは、AとBという二つのデパートの売り場で同じ品物が売られているが、Aの方がBより2倍も売り上げが違う。良く売れるというが、その訳はコストに表わすことは出来ないと言う、すなわち、どうやらAのデパートの店員の方が、顧客に対する言葉使いとか、顧客が注文した内容に対する応答が的確である。すなわちBデパートよりも、〔おもてなし〕に優れた面があるということでした』

その先生は、さらに続けて述べられました。

『今日の私どもの社会は、物の面では充たされてしまったという言い方が出来ますが、いま市場で取引されているようなものは、もう飽和したということになると思います。ところが、市場で取引されていないものを、どう市場に載せるかという課題がこれからは在るのではないでしょうか。空気の美しさとか、環境の良さとか、暮らしのし易さとかいろいろあります。また、女性が家の中で黙々とやっている仕事。こうしたことは、市場では取引されていませんが、しかし、市場で取引しているものと同様に、たいへん価値のあるものではないでしょうか』

すなわち、この方が言いたかったのは、飽和社会に於いては、こうした「市場で金銭に換算して値段を付けられるものでは無い、寧ろ取引されていないモノの価値」それが、日本人が得意とする〔おもてなし〕であるということだったと思います。

その上で、同教授は『そうした値段が付いていないものを、どういう方法で値段を付けて市場に出すかという努力をすれば、まだまだ市場の飽和は起きないはずだ』と、最後は言われました。

この話を聞いていて、妙に私はライフラインを守って、しかも私企業としての事業運営を懸命に行なっている「電気事業」にぴったり当てはまりそうな話だなと考えた次第です。

すでに例示しました、災害発生時に危険を顧みずに、台風、洪水、地震、雷、強風雨のなかで懸命に現場作業を、「使命感」に燃えて行う電力会社の社員は、長年地域社会に密着して、金銭に代えられない〔おもてなし〕に徹していると言えると思います。これは、決して付け焼刃で熟せる業ではありません。

長年に亘り、地域地方の社会に密着して、その地域社会の変化を見乍ら、いざという時の準備がしてあることが、とても重要なことです。

こうしたことを考えてみても、生産と輸送と販売が一瞬に行われることが必要な「電力（Ｋｗｈ）」の取引が、発電部門、送電変電・給電・配電、販売部門を切り離して別会社にし、独立させ競争市場を作り上げて、ダイナミックな取引を実現させるという法律の改正が、真に必要なのかどうか。私は全くの疑問であります。

◇辻井伸行さんのコンサートで考えたこと

つい最近、たまたま九州交響楽団の定期演奏会があり、福岡市内のコンサートホールに上さんに誘われ、世界的にも著名なピアニスト、辻井伸行さんのチャイコフスキー「ピアノ協奏曲第1番」を上さんと一緒に聴く機会がありました。指揮者は、ベトナム国立交響楽団音楽監督兼主席指揮者を務める本名徹次さんでした。大勢の楽団員の伴奏で主役の辻井さんは、盲目とは全く感じられない見事な演奏を演じ、超満員の観客の万雷の拍手に送られ、アンコール曲をもしっかりこなしていきました。

終了後、少人数で当日の指揮者本名さんを交えての夕食会がありましたが、話によると15年前、辻井さんのデビューの折りの指揮者がたまたま本名さんだったそうです。

●何故私が、こうした話を持ち出したかと言うと、この日の会食の折り、オーケストラの百人近い色々な種類の楽器が、一糸乱れぬ行動をしてくれるのは、本番前の事前の練習の際の、指揮者と楽器を操る団員との「気持ちの繋がり」がぴったり一致することだという話が、非常に印象的だったからです。もちろんピアノを弾く、辻井さんのことも含めての話しです。

これは、唯一種類しか無い高級品の「電力（Ｋｗｈ）」という商品を、一瞬のうちに何十万人何百万人の消費者に、低廉かつ安定に供給しなければならない、電力会社の社員が「気持ちの繋がり」を持つことと、全く同じだなと思った次第です。

一見すると素人目には、発電所と送電線の行き着く場所の変電所、さらには給電指令所と配電販売の場所とは、大きく離れておりますので、別々に仕事をしているように映るでしょう。

だが、実態は全く違うのです。発電・送電・変電・給電指令・配電・営業販売という人たちが、必死になって毎日、日夜綿密に連携し合っていなければ、これほど信頼度の高い仕事は殆ど無理でしょう。

特に最近は、太陽光発電に象徴されるような、不安定電源がどんどん入ってくるため、緊急時には瞬時の油断もなりません。一番怖いのは、逆流して各家庭から入って来る電力（Ｋｗｈ）と、営業用のソーラや風力などからの電力の送電と、原子力や火力発電のベースロードとの組み見合わせの中で、ソーラなどの不安定電源が、想定可能量を超えるような、同時同調の姿を創り出してしまう危険性があることです。

そうしたことを、一瞬の判断で調整し停電にならないように電力（Ｋｗｈ）を安定的に送れるのは、正に一貫系統を維持していればこそ発揮出来るリーダー以下、全職場の社員の「気持ちの繋がり」があるからです。

別の言葉でいえば、〈技能技術を持った集団の絆〉という事ではないかと思います。最近は、電力を含め《サイバー攻撃》の危険性もたいへん心配され出しました。

こうした点からも、安易な電力システムの解体はたいへん危険であると言えます。

第8章　これだけ巨大な「太陽光発電」をどうするのか

この章の要旨

《9259万KW》という数字を、忘れないでください。

この数字は、〔A〕固定価格買い取り制度導入以前から全国で稼働中の再生可能エネルギーの2060万KW（全体の22%）という発電設備と、〔B〕固定価格買い取り制度が出来た平成24年（2012）7月以降26年（2014）10月末までの約2年間に運転を開始した同様の発電設備1411万KW（全体の15%）とさらに、〔C〕認可を受けておりこれから稼働する予定の発電設備5788万KW（全体の63%）の合計値です。

同時に、《7199万KW》（144万9083件）という数字も、是非覚えておいてください。

双方の差〔A〕の「2060万KW」は、例のとんでもない固定価格買い取り制度が導入される以前、すなわち平成24年（2012）6月迄に、認可されていた太陽光をはじめ風力や地熱など再生可能エネルギーの合計数値です。

しかも、平成24年（２０１２）７月から平成26年（２０１４）10月末までに認可されたもの合計値が、《７１９９万ＫＷ（１４４万９０８０件）》です。

とにかく、呆れてものが言えないぐらい巨大な再生可能エネルギー、中でも「太陽光発電」が「７４５３万ＫＷ」という途方もないものを認可してしまった政治と行政の責任を、どう問えばよいのでしょうか。

第1節　再生可能エネルギーのＫｗｈだけが巨大になった怖さ

◇中央官庁の役人による電力需給調整の旗振り

ご存知のように、わたしたちは毎日電気すなわち「電力システム」のお世話になりながら、立派に動き回り仕事も家庭も成り立たせてきております。それを、全国にある各電力会社は、きっちりと行ってくれているのです。

このため私たちは戦後70年間に亘り、最近では殆ど停電ということを全く忘れて生活を致しております。電力会社の友人の存在を思い出したりするのは、読者の皆さんも嵐が来たとか台風がこれからやって来るというような、自然現象に異変が生じるような場合だけではないでしょうか。

普段は、仮に昨日は多少雨天だったが、今日は今朝からかんかん照りの日和になったというようなときには、何も電力会社の友達のことは思い出したりしなかったでしょう。

ところが、戦後70年目にして私たちは、思わぬ心配をしなくてはならなくなりました。何故でしょうか。

言うまでも無く、すでに述べてきたところですが、どうやら今迄のように電力会社に任せていた「電力（ＫＷとＫｗｈ）」のコントロールを、すなわち今まで安心して任せていた友人のそうした電力会社ではなく、何と役人（それも、経済産業省の下部機関である資源エネルギー庁）という中央官庁が、最近つくった《広域運営機関》という所と、連携しながら、指示してくるという厄介なことになりそうです。

冒頭に述べたように今度の国会で電気事業法の改正が成立し、次のようになりました。

※電力会社は、発電会社のようになります。よって、私たちは電力（Ｋｗｈ）を買う相手を自由に自分で選択して良いことになります。今までの電力会社でなく、いろいろな発電会社を選択することが出来ます。但し、自由に行なえるということは、全て自己責任になるということです。もちろん、電気料金も相手と交渉して自由に決めることになります。

※毎日のように、電力（Ｋｗｈ）の売り買いの状況が、ニュースで流れるので、気になって仕方がなくなります。

※特に気になるのは、折角安くて安定的な「原子力発電」とか「石炭火力発電」を動かしていた電力会社の発電が「明日から天気が良いので３日間は、太陽光発電に切り替わるので、皆さん了解して貰いたい」と言うようなニュースが流れます。「少し、来月の電気料金は高

くなるが、我慢して貰いたい」というニュースも流れるかもしれません。

※台風が来たりすると、今までとは違った残念な話が多くなります。すなわち、昨夜九州に上陸した台風の結果、鹿児島、宮崎、熊本などに被害が出ており、停電も多発しているが、今までだと一日で復旧したのに、発電会社と送電と配電会社が別々になったためか、連系不十分で一週間ぐらい掛かりそうだということになりかねません。特に役所が運営しているためか、送電会社は停電復旧の遅れを配電会社の手配の遅れと、責任回避の発言をし、配電会社の経営陣が猛烈に反発したためか、行政訴訟になりそうな雰囲気であるなどということも出てくるでしょう。

このようなことが、多分、日常茶飯事に起きて来るように思われます。

何故、そういうようなことが起きるかと言えば、矢張り原因は既に述べたところですが、あの4年前の3・11の直後に、菅直人首相の下で、彼の辞任と引き換えに、国会が全会一致で成立させた、「再生可能エネルギー特別措置法」によって成立した《固定価格買い取り制度》によって、青天井で3年間に駆け込み「容認」された、再生可能エネルギー全体の9割にも及ぶ太陽光発電の容認ということに結び付いているからです。そうしたことが、これから本格的に、わが国電力政策の足を引っ張り始めるということです。

◇青天井の再生可能エネルギーの実態（再録）

「**第19図**」は、最近エネルギー調査会が纏めた「再生可能エネルギーの導入一覧表」であります。

既に述べたように、平成24年（２０１２）7月から「固定価格買い取り制度」が決められた時以降、青天井でインセンティブを付けるためとされた3年間が、切れる平成26年（２０１４）10月末までに、７１９９万ＫＷと途方もない申請が出て、それを全部容認したわけです。申請件数も膨大で、１４４万件を超えております。

上記買い取り制度設定以前に認定され発電事業を行なっている約５６０万ＫＷと併せると、７４５３万ＫＷとなります。特に問題なのは、再生可能エネルギーとして現在までに認可されている全ての容量の９割が、太陽光発電に集中していることです。

◇年次別の導入量と固定価格の推移

このように、信じられないぐらいの申請が特に「太陽光発電」に出そろったのは、①第一に太陽光は他の風力やバイオマス、さらには地熱発電や小水力発電と違って、なにしろパネ

第19図

再生可能エネルギーの導入状況

- ■ 2012年7月の固定価格買取制度開始後、2014年10月時点で、新たに運転を開始した設備は約1411．3万kW（制度開始前と比較して約7割増）。
- ■ 制度開始後、認定された容量のうち、運転開始済量の割合は約20%。
- ■ 制度開始後の導入量、認定量ともに太陽光が9割以上を占める。

＜2014年10月末時点における再生可能エネルギー発電設備の導入状況＞

再生可能エネルギー発電設備の種類	設備導入量（運転を開始したもの） 固定価格買取制度導入前 平成24年６月末までの累積導入量	設備導入量（運転を開始したもの） 固定価格買取制度導入後 平成24年度の導入量（７月～３月末）	平成25年度の導入量	平成26年度の導入量（４月～１０月末）	認定容量 固定価格買取制度導入後 平成24年7月～平成26年10月末
太陽光（住宅）	約４７０万ｋＷ	９６．９万ｋＷ	１３０．７万ｋＷ	４４．３万ｋＷ	３２６万ｋＷ
太陽光（非住宅）	約９０万ｋＷ	７０．４万ｋＷ	５７３．５万ｋＷ	４６１．７万ｋＷ	６，５６７万ｋＷ
風力	約２６０万ｋＷ	６．３万ｋＷ	４．７万ｋＷ	８．７万ｋＷ	１３５万ｋＷ
地熱	約５０万ｋＷ	０．１万ｋＷ	０万ｋＷ	０万ｋＷ	１万ｋＷ
中小水力	約９６０万ｋＷ	０．２万ｋＷ	０．４万ｋＷ	２．６万ｋＷ	３３万ｋＷ
バイオマス	約２３０万ｋＷ	２．１万ｋＷ	４．５万ｋＷ	４．２万ｋＷ	１３７万ｋＷ
合計	約2，０６０万ｋＷ	１７５．８万ｋＷ	７１３．９万ｋＷ	５２１．６万ｋＷ	７，１９９万ｋＷ（1，449，０８３件）
		１４１１．３万ｋＷ（８３５，９７６件）			

（資料）資源エネルギー庁ＨＰより引用

第20図　太陽光発電の「固定価格買い取り制度」による認可状況と買い取り単価

（10Kw未満）

※2012年7月まで	（累計）14万KW　（2）	（単価）40円/Kwh
※2013年7月まで	175万KW　（26）	36円
※2014年7月まで	300万KW　（44）	32円
※2015年2月まで	365万KW　（56）	29円

（10Kw以上）

※2012年7月まで	（累計）30万KW　（12）	（単価）40円/Kwh
※2013年7月まで	2032万KW（511）	36円
※2014年7月まで	6634万KW（1753）	32円
※2015年2月まで	7090万KW（1715）	29円

（注）Kw覧の「（　）」内の数字は、九州電力管内の認可数字。

（資料）資源エネルギー庁のホームページの材料により作成

ルを張り変圧器を付けるだけで、簡単には発電出来るため設備投資の負担が少なくて済むこと　②第二には、他の電源と違って早急に運転が開始できること、とにかく土地さえ手当て出来れば、誰にでも事業化になれるという気安さからでした。

そこで、今その状況を年次別にとって見ますと、次の「**第20図**」のようになります。

このような推移を見ますと、太陽光発電が投資の手段として、多くの投資家により駆け込み要請物件となったことが、如実に読み取れます。

正に、「脱原発」の代替として、菅直人氏と孫正義氏の思惑通り、20年間の固定価格を軸とするインセンティブによって、太陽光発電のわが国への積極導入が図られたと言えるでしょう。

◇太陽光発電、固定価格買い取り制度の影響度
――概ね、20年間累計で国民負担額60兆円超

仮に国民に政府が現在約束している太陽光発電の認可設備が、全量稼働したため、電力会社を介して消費者である国民のみなさんに、この高価な電力（Ｋｗｈ）を20年間の固定価格で買い取らせた場合、どのくらいの負担額になるだろうかと心配になります。

大変大雑把ですが、Ｋｗｈ当たりの買い取り額を、２０１２年の40円から２０１４年の29円までの各年ごとに、認可数量による加重平均で算出すると、概ねＫｗｈ当たり33円になります。

稼働率を、先に例示した広告物件（１７９頁の**第15図**）の年間１０５０時間（約12％の稼働率）で計算してみました。

住宅用と非住宅用の合計7453万KWが、全て1050時間稼働したとすれば、783万Kwhとなります。よって、平均単価は「**第20図**」のように、2012度に認可したものがKwh当たり40円で、以下2013年度36円、2014年度32円、2015年度29円と徐々に下げています。しかし、3年間すなわち2014年度までのは無制限（青天井）で認可すべしという方針を受けて、上述「第19図」の通り、太陽光発電だけでも（固定価格買い取り認可以前の分まで入れると、7453万KW（家庭用796万KW、ソーラー発電用6657万KWの合計）にもなっています。だから、これから新たなものは、なかなか認可しないでしょう。

そういう前提で計算しますと、上述の7453万KWのうち固定価格買い取り制度導入以前のものを除いた、20年間の固定価格買い取りを約束されている7285万KWが、これから否応なしに発電に参加してくると思われます。それを、国民の皆さんは強制的に、電力会社を経由して引き取らされます。今「**第20図**」から、4年間の単価の加重平均を出しますと、Kwh当たり33円になります。年次別の認可量が2014年と2015年に集中していますので、実際は33円より少し1円ぐらい安くなりますが、金利を考えた現在価値換算では、少し高くなります。よって、33円を妥当な単価と考えて計算しました。

すなわち、Ｋｗｈ当たり33円とすれば、年間２兆４千億円の負担となります。20年間の負担額は、48兆円です。

仮に、これを原子力の８円で賄うことが出来たとすれば、４分の１で済むはずです。そう考えれば、約48兆円の国民負担が12兆円で済むはずですので、もし、この部分を原子力発電によって発電することが出来れば、46兆円もの赤字を消すことが出来るわけです。しかし、なかなかそうはならないでしょう。

問題は、これだけに止まりません。それは、先ほどの７４５３万ＫＷの届け出件数が、「**第19図**」の通り、１４４万件です。すなわち、１件当たりちょうど50ＫＷ弱になっており、前述した「アンダー・フィフティ」なのです。この人たちの投資額は、多分「**第15図**」などから推定しますと、維持費を入れて１件当たり２１００万円程度です。大半が既に投資しておりますので、なかなか発電させて貰えないとなると、倒産する人たちが出て来るでしょう。

仮に半分が投資回収不能となったとすると、その赤字額は、推計で「**第21図**」の通り14兆円に達します。倒産した人たちの分は、ブローカーが買い占めて上述のようにいずれは発電するでしょうが、個人投資家の負担は大きく残ります。

合計しますと、約62兆円となります。20年間に配分すると、年間3兆円です。少なくとも、消費税の値上げ分に匹敵するぐらいであり、この影響は大きいのです。すなわち累計の62兆円は、わが国の年間ＧＤＰの１割以上にも当たる額です。それが、太陽光発電を中心とした再生可能エネルギーの無謀な導入計画によって、むざむざ失なわれるにも等しい、莫大な損失を作りつつあるということです。

これを、如何にして国民の負担を減らし、解決するかはじつに大きな課題であります。最後に、結論のところで述べますが、私は原子力発電をもっと本格的に推進する覚悟をしなければ、この問題は永久に解決できないと思っております。

◇歯止め無しが招いた政策の大失敗による波紋
――電力会社の無制限出力抑制措置とは何か

ところが、ご存知のように地域別に責任を持って電力の需要（販売量）とそれに対する生産供給（発電）の需給調整を綿密に行なっている電力会社は、この政治（菅首相）と政策具申者（孫氏）の方針を踏まえて、行政官僚が受けつけた歯止め無しの要請に対し、慌てながら何の手も打たずにいたために、前に述べたように全国の電力需要のために必要な設備容量の、実に半分にも達する発電の認可を、太陽光だけで認めてしまったわけです。

「**第20図**」を見て頂くと判る通り、この表のなかの各年次別数字欄の下にカッコで表示してあるのは、九州電力管内の認可状況という内数です。九州は、概ね殆どの経済指標などが、全国の1割と言われております。

そこから判断しますと、この太陽光発電の認可KWが「10KW未満」の概ね住宅用の場合も、各年次の申請量が2、3割に達していますし、非住宅用のソーラー発電が想定される10KW以上の申請状況を見ますと、同じ様に2割から3割近い大きなウエイトになっております。すなわち、1割経済圏の九州に倍以上、太陽光発電が集中しているということです。

理由は、九州は比較的日照時間も長く、かつ太陽光発電に適した農地やゴルフ場跡地などが、他の地域地方よりも多いということですが、そこに大問題が発生しました。

すなわち、九州電力の最近の電力需要のピークは、概ね1200万KWとなっておりますが、ご覧のように昨年7月の容量認可KWが1753万KWと、全電源の総量を超過するという前代未聞の状態となったため、混乱を極めました。

●遂に、700万KWを限界として「受付に待った」を掛ける事態となったのです。700万KWというのは、一番ピーク容量が少ない日に、それ以上のKW（発電）が太陽光発電で

発生すると、「九州電力の他の電源を全部停止しても、太陽光発電の電力（ＫＷ）が余剰となり」その結果、間違いなく〔大停電〕になる、などという危険性が大きいからです。

取り敢えず、従来から定められていた「30日間」の出力抑制を、新規受電者（新しく電力を発電する太陽光発電者）に要請しました。

ところが、この同じような状態が、他の電力会社からも次々に出てきたため、遂に行政官庁（エネ庁）は急遽知恵を絞り、規定を改定して「緊急措置として〔無制限出力抑制〕を行うことが出来る」という方針を決めたということです。

電力各社は、辛うじてこの制度により、発電事業者に「待った」を掛けているという苦渋の選択を迫られております。

もちろん、これも間違いなく発端は、政治の失敗が招いたことですが、こういう点について、政治家たちは一切責任を取ろうとしません。しかし、このような政治のあやまちをさせないためには、国民の代表である政治家を選挙で選ぶ、国民の資質や良識の向上が無ければ、どうにもなりません。また、同じことが繰り返されるでしょう。

第21図　太陽光発電、固定価格買い取り制度の影響試算(20年間累計値)

〔1〕太陽光発電による20年間の国民負担数

ー〔48兆円程度〕

Ⓐ政府容認の固定価格太陽光発電事業者総出力(第　図より)	7285万Kw
Ⓑ太陽光発電の年次別買い取り単価加重平均(第　図より)	33円/Kwh
Ⓒ年間総稼働時間(第22図より)	1050時間
Ⓓ固定価格保証期間	20年間
Ⓐ×Ⓑ×Ⓒ×Ⓓ ≒ 48兆円	

〔2〕発電事業者の投資損失額

ー〔14兆円程度〕

Ⓔ1件当り投資額(第15図を参考)と年間維持費合計	約2100万円
Ⓕ発電事業者数(第19図より) (注)実質投資者数を90%程度と推定	130万件
Ⓖ実質的に投資が回収できる割合。50%程度と推定	
Ⓔ×Ⓕ×Ⓖ ≒ 損失額14兆円	

〔1〕+〔2〕の合計 **約62兆円** となる

第9章　高すぎる電気料金引き下げは期待できず

この章の要旨

わが国が、戦後西欧先進国に伍して鉱工業を発展させながら高度成長を達成し、世界の先進国の仲間入りが出来たのは、ベースに低廉かつ安定良質な電力（Ｋｗｈ）という商品があったからだと、私はずっと以前から述べて来ました。しかしそのベースが42年前（１９７３年）のオイルショックで、それまで１ドル原油と言われた石油価格の高騰で崩れました。

しかし、わが国は今度は石油に代わるものとして、原子力発電を導入して再度バブル経済と言われるようになるほどの、経済成長を遂げたのです。それが、どれほど大きかったかは、本文の中に掲げます。

それでもなおかつ、無資源国のわが国の電気料金は、欧米諸国だけでなく新興国の東南アジア諸国の場合と比較しても、概ね2倍だと言われてきました。それが、現在の原子力発電が停止した状態で、海外との差が相当に開いていることは間違いありません。

ところが、今まで説明して来ましたように、今回の電力自由化によって果たして料金を引き下げることが出来るでしょうか。答えは、「原子力発電」を出来るだけ多く投入しない限り、それは無理だというのが結論です。

以前出した本の中でも紹介しおりますが、それを「**第22図**」に再録しておきます。

その図と、計算式を見て頂ければ判りますが、わが国は昭和53年（1983）頃から、平成19年（2011）までの約30年間に亘って、約100兆円もの原子力発電からの安定的かつ低廉な電力（Kwh）の経済効果を、受け続けてきたことが判ります。

◇現在のわが国の電気料金水準 ——国際比較

読者のみなさんに、先ず私たちが使っている電力（Kwh）という商品の価格が、どういうレベルのものなのか、諸外国との比較をしながら、説明しておきたいと思います。

●先ず頭に入れておきたいのは、成熟国家になった日本が、いまでは社会保障費などの負担の増加で、国家の借金が1千兆円以上にも達しているため、わが国政府のリーダーたちは、この赤字をこれ以上増やさないこと、出来れば徐々に減らしていきたいということを真剣に考え、その上で国家経済の成長戦略が、官民を交えて懸命に進められているところです。したがって、その方針を下支えするために電気料金が高騰しないようにするのが、最大の施策であろうと思います。

「**第23図**」と「**第24図**」は、電力中央研究所が示した、各国別の電気料金の1995年から

第22図　最近30年間の原子力発電所利用の貢献度

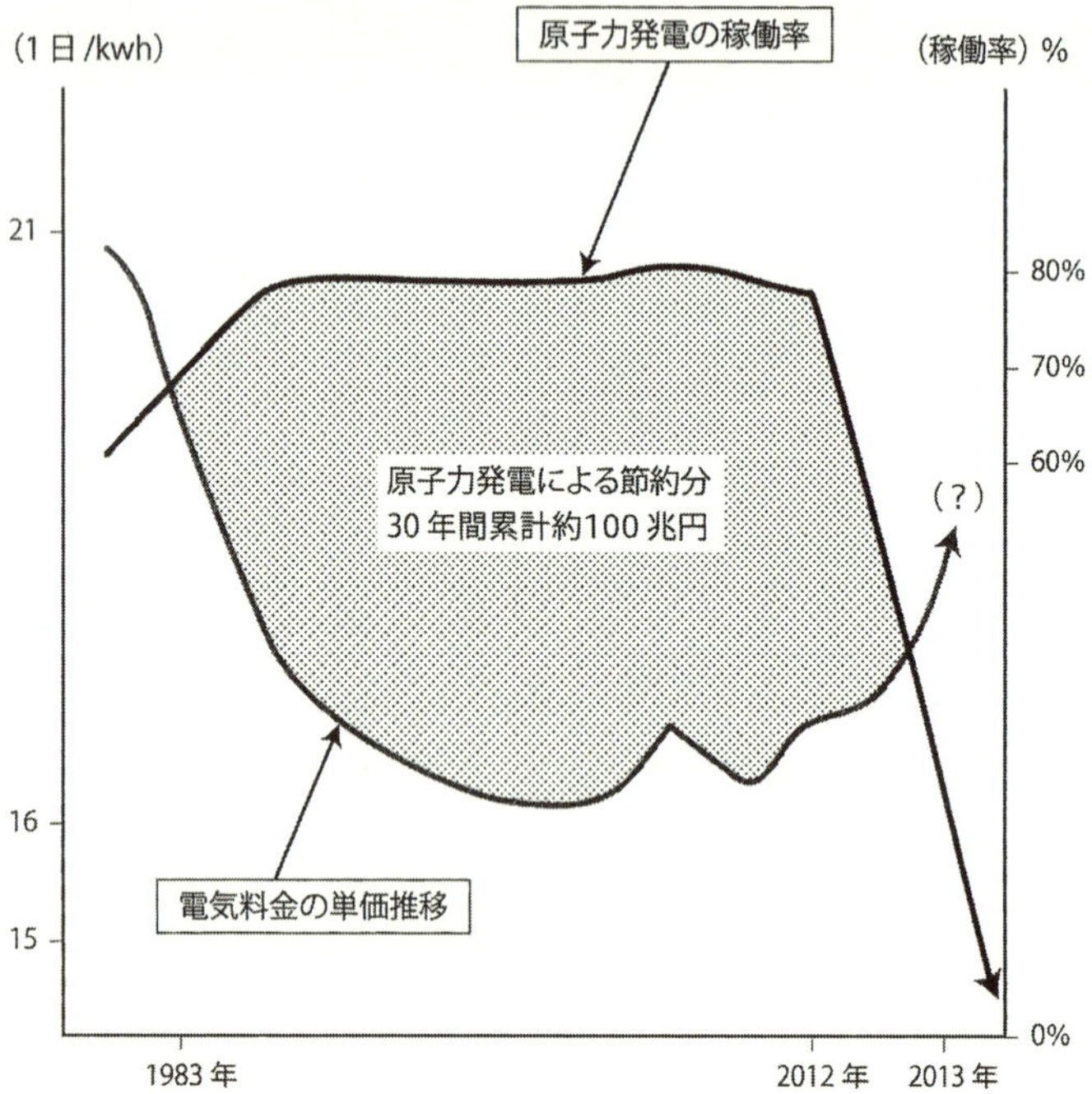

(注) 電気事業連合会の各種資料から作成

〈計算式〉

❹〔30年間の総発電量〕

年平均8000億kW時としても24兆kW時

❺原子力発電25%として6兆kW時

❻火力発電65%として15.6兆kW時

❼水力その他10%として2.4kW時

〈総コスト計算〉

❽原子力分❺× 5円/kW時≒ 30兆円

❾火力分❻× 22円/kW時≒ 343兆円

❿水力その他分❼× 10円/kW時≒ 24兆円

❽+❾+❿≒ 397兆円

〈原子力発電による貢献分〉

(22円− 5円)× 6兆kW時≒ 100兆円

(注)

1. 上記の計算は、過去30年間の平均値を取って、極めて大雑把に行っています。専門家の方々には相当ご不満と思われますが、ご容赦ください。
2. 上記の計算は、kW時当たりの平均コストを15〜16円程度と考えて算出しています。
3. 為替レート、物価、石油価格などの変動分は、❾のコストの中に含まれています。
4. 水力その他分の❼には、揚水のコスト、再生可能エネルギーのコストなどが含まれています。
5. 総じて、単純に30年間の平均値を使っていますので、現在の価値換算はしていません。

(資料)永野芳宣著「日本を滅ぼすとんでもない電力自由化」
(エネルギーフォーラム社)118〜119頁より引用

2013年までのトレンドをみたものです。

第23図のほうは、各国の為替レートを反映したもの、また第24図は、当然、各国の事情によって違いはありますが、電気料金の中に含まれている消費税、付加価値税、再生可能エネルギーの負担金、環境税と言ったものを、全て除いてみた場合の推移表です。

第23図の為替レートを加味して、要するに実態で見た場合ですが、日本は家庭用では概ね平均値ですが、産業用ではイタリアを除くと概ね、日本の電気料金の水準は2番目に高いことが判ります。

一方、第24図の実質比較では、ご覧のように無資源国のわが国の電気料金は、やはり一番高いことが示されていると、見るべきでしょう。

このように、従来に於いてもわが国の場合、電気料金が高いことから、工場の立地条件は労働コストと共に東南アジア諸国や台湾、中国などに比べだんだん格差が増大して、海外への移転が広まっていたことは事実であります。

それが、今回の3・11以降の電気料金の高騰によって、一層が海外への逃避の度合いが深まったと言えます。

第23図　電気料金の各国比較

＜為替レートを反映したもの＞

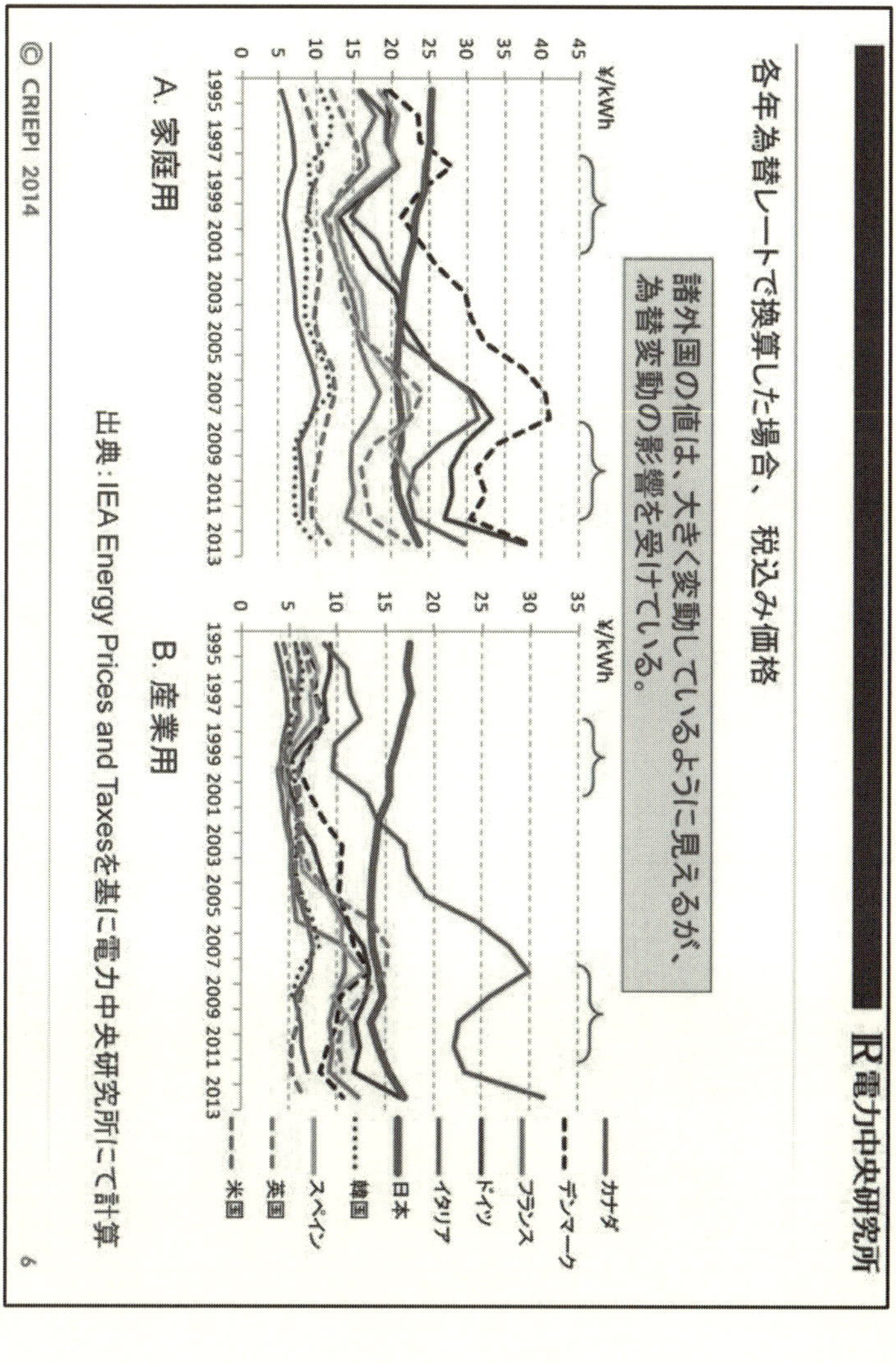

第24図　電気料金の税抜き価格による各国比較

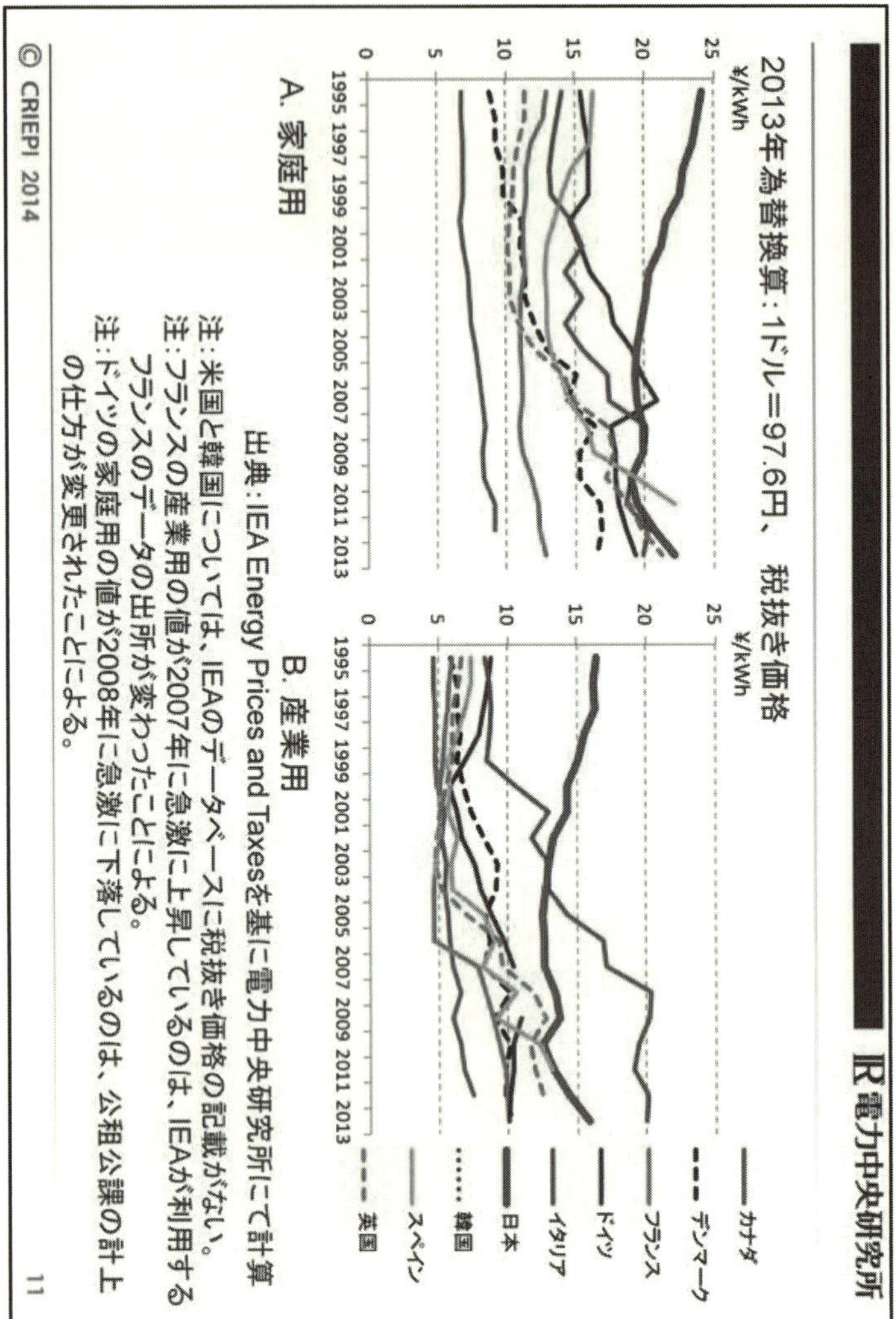
電力中央研究所
2013年為替換算：1ドル＝97.6円、税抜き価格
¥/kWh
A. 家庭用
B. 産業用
カナダ
デンマーク
フランス
ドイツ
イタリア
日本
韓国
スペイン
英国
出典：IEA Energy Prices and Taxesを基に電力中央研究所にて計算
注：米国と韓国については、IEAのデータベースに税抜き価格の記載がない。
注：フランスの産業用の値が2007年に急激に上昇しているのは、IEAが利用するフランスのデータの出所が変わったことによる。
注：ドイツの家庭用の値が2008年に急激に下落しているのは、公租公課の計上の仕方が変更されたことによる。
© CRIEPI 2014
11

◇わが国の電気料金の高騰状況とその原因

●3・11後に、ご存知の通り原子力発電所が稼働しなくなり、代替として火力発電所を使用せざるを得なくなった関係で、輸入燃料のコストが各電力会社の経営を圧迫し、経営収支が大きく悪化する状態に陥りました。特に、原子力発電のウエイトが大きい、北海道、関西、九州の各電力が先ず電気料金の値上げに踏み切った後、昨年から今年にかけ東北電力や中部電力が値上げを行いました。さらに、北海道電力と関西電力は、2回目の値上げに踏み切ったところです。

いずれも、監督官庁の経済産業省の厳しい査定を受けての値上げであり、各社ともに自己資産を切り詰め、従業員の給与まで踏み込み、値上げ幅を引き下げる指導が行われています。最近は、他産業や事業に於いては、漸く経営が好転し、株価も日経平均2万円の大台を十数年ぶりに回復したとして、賞与の大幅支給や賃金の値上げが行なわれていますが、電力各社は残念ながら、逆にカットを余儀なくされる状況が続いています。

そこで、参考までに既に2回ほど値上げをした北海道電力と関西電力との電気料金の状況を、「**第25図**」と「**第26図**」に示しておきました。

第25図は、北海道電力の平成22年（２０１０）以降の電気料金の値上がり状況を示したものです。同図のカーブの上方が、電灯料金（いわゆる家庭用）、下方のカーブが産業用の料金の推移です。

値上げ前に比べて、北海道の住宅では2回の値上げで以前に比べて、Ｋｗｈ当たり20・37円から24・33円へ３・96円の引き上げですので、19・44％すなわち約2割の上昇です。

一方産業用では、13・65円から17・53円へ３・88円の値上げですので、値上げ率は28・4％と約3割の上昇になっております。３割値上げされると、仮に１００名程度の従業員がいる中小企業では、電力多消費産業でなくても、年間数百万円の負担増加になっているはずです。雇用者1千名を超えるような中堅企業では、年間の負担増は数千万円に及び、経営を維持するために、残業を無くし節電に努め、かつ新規採用を控えたりするなど、大変な苦労をしているという話をたくさん聞いております。

第26図は、北海道電力と関西電力の値上げ内容を示したものです。

先ほどからの述べておりますように、このような値上げによって、日本国民が相当な負担を強いられている様子は、お判り頂けたと思います。それが、一体どのくらいの痛みだろうかという具体的な数字がありましたので、「**第27図**」に示しておきました。

第25図　北海道電力の電気料金の値上り状況

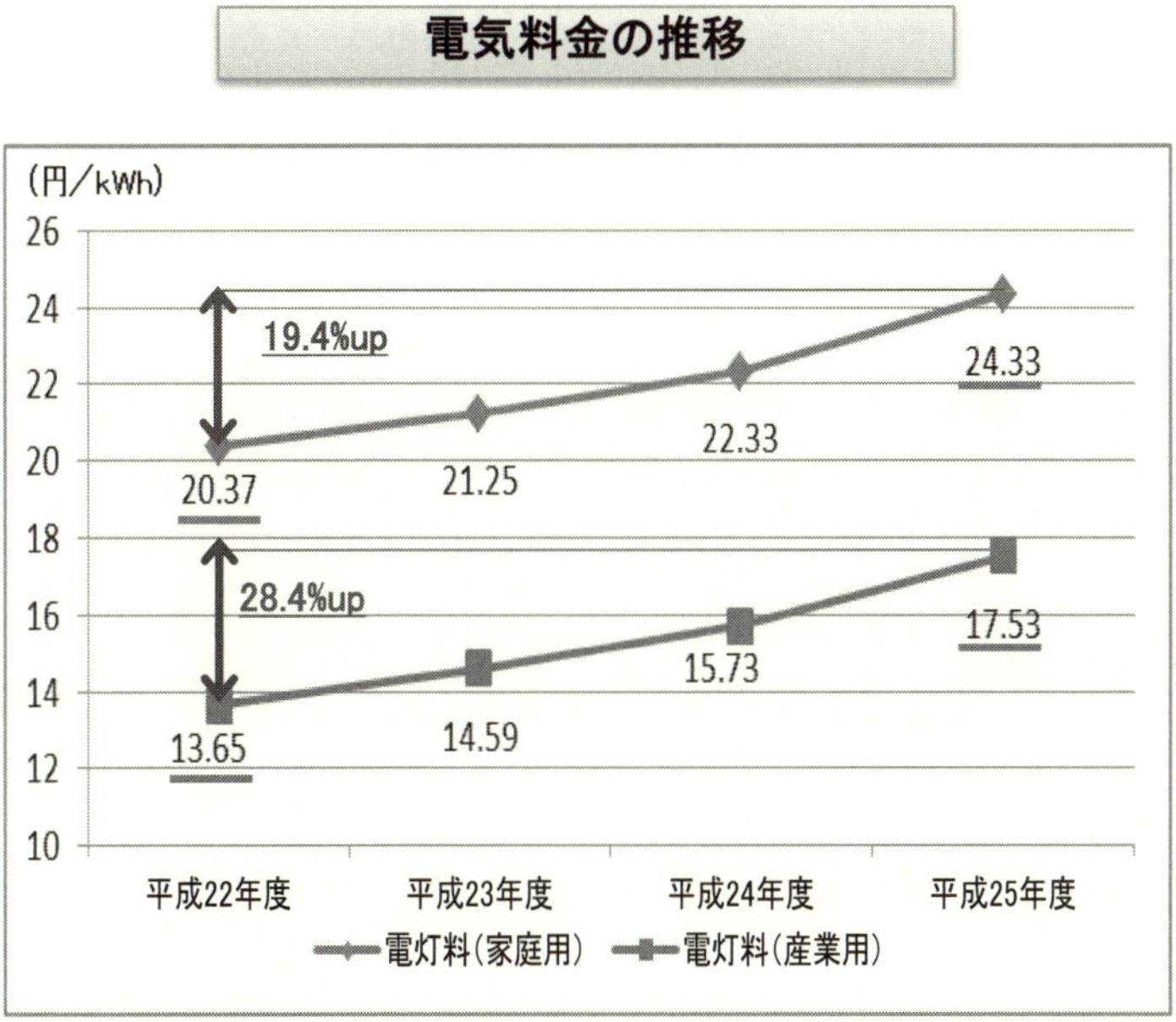

【出典】電力需要実績確報(電気事業連合会)、各電力会社決算資料等を基に作成

(資料)資源エネルギー庁HPより引用

第26図　北海道電力と関西電力の電気料金値上げ内容

2回行われた値上げの動き

		規制部門	自由化部門 ※3
北海道電力	1回目（H25.9実施）	7.73%	(11.00%)
	2回目（H26.11実施）	12.43% (H26.11～)※2 15.33% (H27.4～)	(16.48%) (H26.11～) (20.32%) (H27.4～)
関西電力	1回目（H25.5実施）	9.75%	(17.26%) ※4
	2回目（H26.12申請）※1	10.23%	(13.93%)

（※1）申請ベースの値であり、現在審査中。
（※2）平成27年3月31日までは、激変緩和措置として、値上げ幅を圧縮。
（※3）自由化部門は認可対象外。
（※4）自由化部門は平成25年4月から値上げ実施。

第27図　電気料金に係る国民負担の増加

(電力会社10社分)

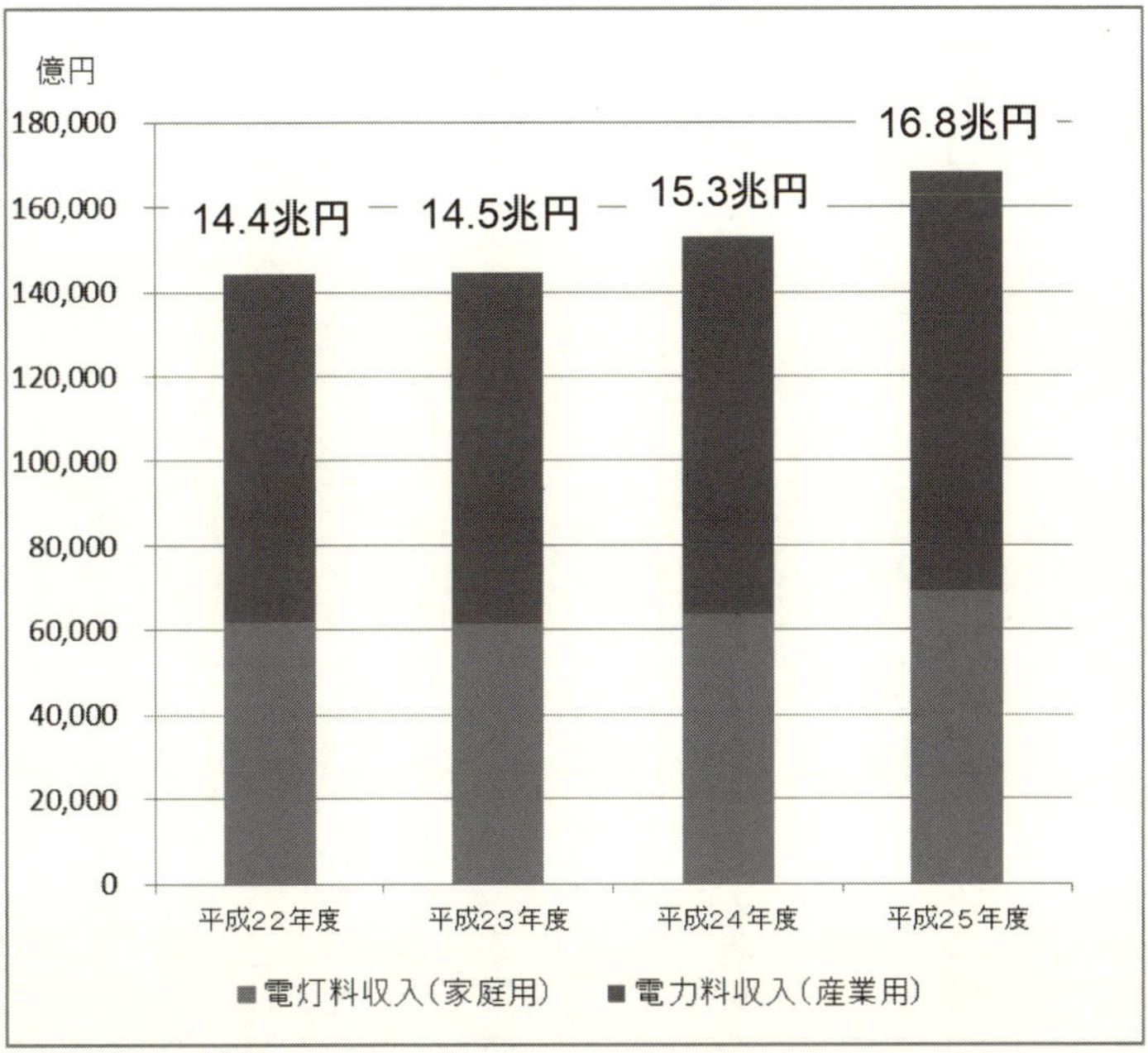

●皆さんが、新聞などでご覧になるのは、例えば3・11以降原子力発電所が強制停止をしたので、その代替として今迄停めていた老朽火力発電所の運転を再開するなどのために、海外からの石油や天然ガス、或いは石炭の輸入を増やしました。その影響で年間2～3兆円程度の燃料代が増え、それがわが国の貿易収支を赤字にしたなどと言うことだと思います。

その通りですが、ここで示しました第27図が、そうした増加分を考えられる前に、一体われわれ無資源国の日本国民は、電力（Kwh）を毎日使うためにどの位、元々輸入する燃料代として「電気料金で支払っているのだろうか」ということを調べた数字です。

これは、最近は沖縄電力を入れて10電力ですが、3・11の前すなわち平成23年（2011年）までは、年間14・4兆円～14・5兆円です。GDPの約3％程度でした。ところが、平成24年以降急激に国民の負担が増加しはじめている状況が、明白だということです。

平成24年（2012）が15・3兆円、平成25年（2013）が16・3兆円です。平成25年は、わが国の原子力発電所54基出力6千万KWが殆ど全停した年です。平成22年の14・4兆円との差2・4兆円が、原子力発電を停めて火力発電に代えたための増加費用です。16・8兆円ですから、GDPの4％にも及ぶ負担が、国民にのし掛かっているということです。

一方、電気料金の値上げをせざるをえないような電力会社は、経営状況が相当に悪化しているということを述べましたが、「**第28図**」は、同じく3・11前の平成22年度（2010）には、電力会社10社の経常利益が、合計で8438億円だったのに対し、3・11が発生した平成23年度（2011）には、一挙に1兆1974億円の損失、平成24年度（2012）は、さらに悪化し1兆4431億円の損失だったことを示しております。

第28図　電力会社10社合計の経常損益の推移

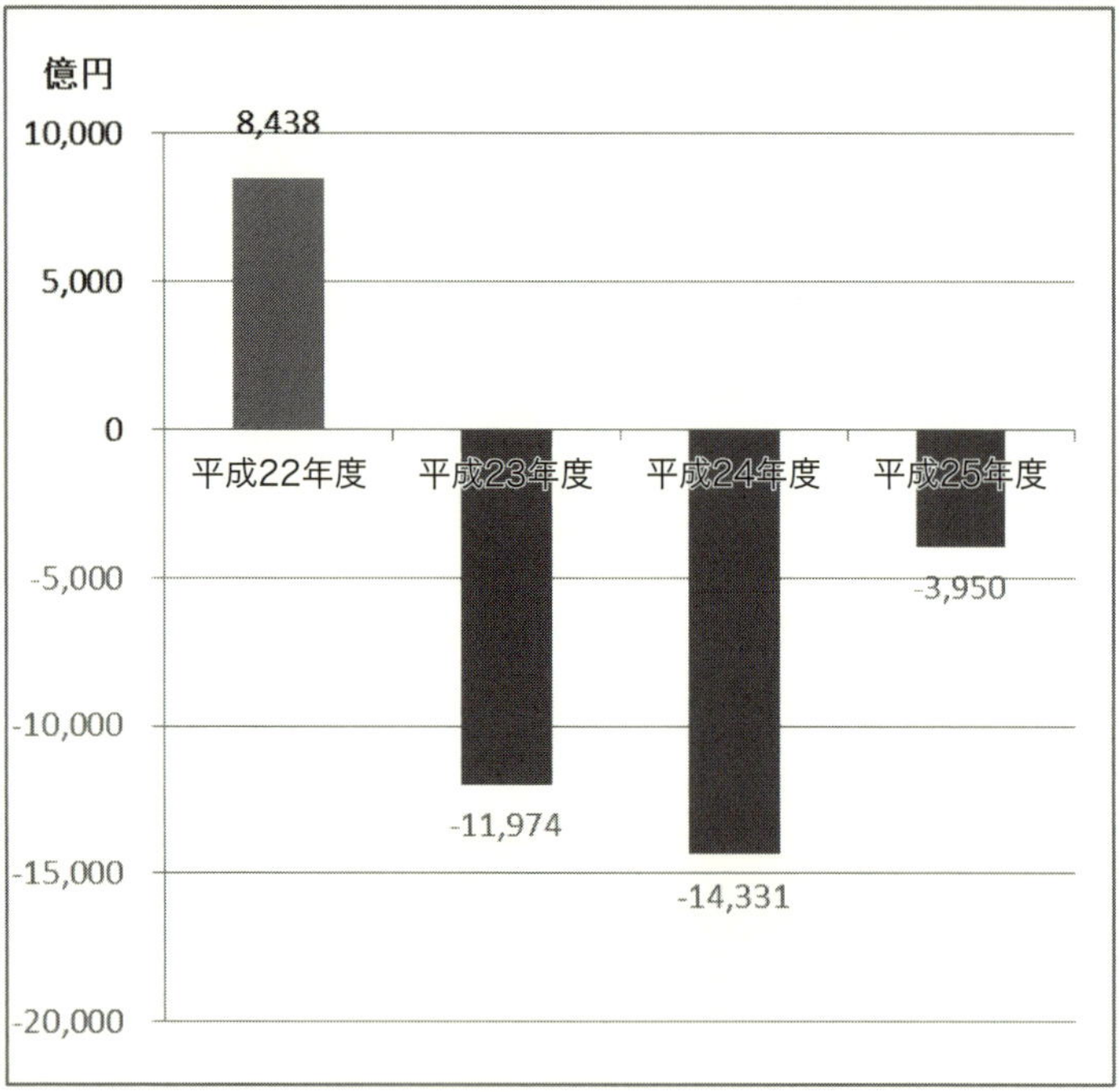

第10章　総合エネルギー産業化する日本の電力問題への提言

この章の要旨

今回の改正法は、先にも述べた通り「電力（Ｋｗｈ）」という生活必需品の製造輸送販売を、電力会社の手から解放し、能力の在る者は誰でも事業活動に参入していくことを、国民が望んでいる。それを実現する手段を、法律改正によって決めたということです。

そのため、これから5年間掛かって、混乱が生じないようにさらに枠組みをつくりあげていこうとしております。しかし、最も難しいのはすでに述べた通り、単一商品でかつ販売量がむしろ減少しているのに、高い値段で生産して良いと認可された人たちが大勢いる。それを、電力を使う国民に安定安全にしかも、今までよりも安い価格で提供するという仕組みを、どうやってつくりあげるかということです。

しかも厄介なのは、かけがえのないこのきれいな地球を守るため、ＣＯ２の無い、かつコスト的にも最も低廉で安定供給出来る「原子力発電」から、慌てて一挙に「自然エネルギーからの発電」に切り替えようとしたことです。自然エネルギーには、太陽光・風力・バイオマス・地熱・水力などがありますが、国民の要請に政治が慌てたため何と「太陽光発電」だけが突出し、どうにもならないぐらい認可されてしまいました。
しかし、政府が最近発表した「２０３０年のＣＯ２削減のための電源構成」を示す「第16図」（第６章１８１頁）にもありますように、最低でも2割以上の原子力発電がなければ、「きれいな地球を守る」という国民の目的はたっせられません。私自身は、原子力のウエイトは3割から4割ぐらいなければ、低廉なライフラインの電力は提供できないと思っています。そうであるなら、やはり原子力発電を維持運営出来る現在の電力会社が、総合エネルギー事業の「製造物責任者」となるのでなければ、成り立たないということです。

ここでは、これしか無いという私のアイディアを披露したいと思います。

◇顧客の後ろに本当の顧客は居ることを考えること
——電力会社からの国民への主体的問いかけが必要

この第10章の「トビラ」の中で述べましたように、あらゆる事業が提供する商品は、それを製造した者が流通から小売りで消費者である国民に渡るまで、責任を持って貰うというのが正に、強い倫理観に裏付けられた素晴らしい「おもてなし」の国、日本企業のコンプライアンスに徹してた強みであると考えます。電力（Ｋｗｈ）という「**第３図**」（第３章40頁）で見られたような、７つの特色を持つ国民のライフラインでもあるものを製造販売する事業には、最も強く生産者（発電事業者）の製造物責任が求められていると言えます。

私は、若い頃、電力会社でトップ経営者に直接仕えたことがありました。その方は、とても奥行きの深い思慮を常にしておられました。特に会いに来られるお客さんを、とても大事にしておられました。そういう顧客の中でも、一番厄介なのはマスコミのエリート記者でした。面談に私も時々同席したことがありますが、このトップの方は相手がどんな若い人でも、同じ様に丁寧な相手をされます。

中には、傍若無人な質問をする記者もおります。しかし、決してそういう場合でも、「そうですか、良い点に気付いて教えて頂いた」と、言われたりします。すると、相手もそれ以上追及せずに、次の話題になったりします。

そんなことがあった時、その相手のお客さんが帰った後、「あんな言い方をされますと、腹が立ちます。もうこれから、お会いにならない方が良いと思います」と意見を述べたことがありました。すると、じっと顔を見ながら、ゆっくり諭されました。

「あの若い記者は、立派だと思わなくてはいけません。良いですか、あの新聞記者というお客さんの後ろに本当のお客さんが居ると言う事を、覚えて置きなさい」と言われたのです。

それを聞いて、なるほどと思いました。要するに、「電気、電力」という商品は、国民の必需品であり、あの新聞記者の厳しい意見は、電力の消費者である国民の意見だと考えて、真剣に考えなさいと言われた訳です。さらに次のように諭されたのを、今でも思い出します。

●**『電力という不思議なものを私たちは、何のために発電し販売しているかを何時も考えなさい。空気のように見えないので誰がつくっているか、誰も全く感じないのが最高のサービスです。それは、つくり出しているのは私たちの全て責任であり、その達成感が経営者の慶びです』**

あの穏やかな声の響きが、今でも頭をよぎります。

そう考えた時、その時から既に40年以上も経った現在、今回の改正法をつくった政治家や官僚たち、そしてそれを報道しているマスメディアの後ろにいる、本当の顧客すなわち電気事業をやりたいという人たちに、どうアプローチするか。それが、先ず重要なことだと思う次第です。

●すなわち、先ず電力会社の経営者は、今回の法律は国民が電力自由化を望み、自分たちにも電気事業をやらせて貰いたいということだと受け留めて、率先して対話を開始すべきではないでしょうか。

その場合の電力経営者の心構えの基本として、先ほど述べた「電力（Ｋｗｈ）の生産者が持つ製造物責任の重さ」ということを、決して忘れては無責任になります。

是非とも、それを踏まえて対話してください。

もちろん、方法は色々あると思います。何も特別に、集会を開けとかそういうことを言っているのではありません。それぞれの地方地域には、経済団体などもありますし、政府や行政機関、地方自治体や労働組合など種々の機関もあるでしょう。公式非公式のそれらの機関を積極的に活用して、折角作られた改正法通りに進めた場合の利点と、逆に国民のためにならない点を、クリアーにしていくことが重要です。

5年間のこれからのスケジュールを踏まえて、電力のプロとして出来ることと出来ないことを、明確に区分けして国民が求めている要請に応えていく必要があります。

◇各地域に合致した総合エネルギー事業を組み立てるべし
——但し、製造物責任と地球環境改善に尽くすことを忘れないこと

今回の電力システム改革法を俯瞰していると、多くの異業種の人たちが「是非、自分で電気事業をやってみたい」という要望が、結局は今回の電力完全自由化とそのための発送電分離の要請になったと考えられます。

そうだとすれば、私は電気事業に参入して来る人たちの目的は、さまざまであっても、少なくとも同じ国民が求めた「地球温暖化の防止に積極協力する方法」として、3・11後用意した『大量の再生可能エネルギーの推進』と、従来から確実に用意して来ていた『原子力発電の推進』との双方をターゲットにした、新たな総合エネルギー事業とでも言うべきものを、従来型の電気事業の枠組みにとらわれることなく、考えてみる必要があるということだと思います。

その上で、国民のライフラインでもある電力という特殊な商品の《製造物責任》を、是非念頭において、電気事業に多くの人たちが参入して来るという姿を踏まえた、マネジメントはどういう方策が最適かということを熟慮して頂きたいと思います。

結局は、その新たなマネジメントすなわち「経営方策」が、真の顧客である電力（Ｋｗｈ）の消費者の要望に、結び付かなければ意味が無いからです。このマネジメントは、電力（Ｋｗｈ）を新たな商品手段として、先物金融市場で利益の損得を争うことが目的であってはならないからです。

①すなわち、第一に真の顧客である消費者すなわち国民が求めているものは、安定かつ安心安全という信頼度の高い、同時に低廉な「電力ライフライン」を提供するという総合エネルギー事業の構築ということにならなくては、意味がありません。もちろん、テロやサイバー攻撃などから侵されないような仕組みも必要です。

②第二に、大量の太陽光発電など不安定電源による電力（Ｋｗｈ）の強制的な買い取りによって、地域の電力網全体の品質が侵されたり、或いは系統破壊（停電）が生じたりしないような、別途火力発電所によるきめ細かな「バックアップ」電源の必要性も、一層高まって来ると思われます。また、太陽光だけでなく、風力や地熱やバイオなどの自然エネルギーを、

既に満杯の電源構成にどうやって組み込むかも、極めて重要なマネジメントです。

③第三には、真の顧客である消費者すなわち国民が、ライフラインの電力に求めるものは、あくまで低廉な電力（Ｋｗｈ）の供給であることは、最も重要なターゲットであると考えます。この要請を充たし地球環境問題を克服できるのは、今のところ太陽光など再生可能エネルギー電源の対極にある原子力発電しかあり得ません。この認識を忘れては、これからの総合エネルギー事業の、責任あるマネジメントは成り立たないといえます。

もう一つは、新たに電気事業に参入を希望している異業種が、自ら手掛ける電力（Ｋｗｈ）という商品との組み合わせで、どれだけ顧客がコストに匹敵する魅力を感じ、再生可能エネルギーという高コストの電力（Ｋｗｈ）を彼らの安定取引に持っていけるか、ということが、異業種企業の参入要望を如何にマネジメントに組み込むかの新たな課題でもあります。

いずにしても、原子力発電所の位置づけを踏まえて考えれば、人口密度や産業構造の成り立ちも含め、地方地域による地勢はそれぞれ異なるため、以上のような総合エネルギー事業の構築は、それぞれ異なって来ると思われます。

これからは、それぞれの地方地域の独自性こそ必要であると考えております。

◇国民の選択が曖昧であってはならない

端的に述べれば、今回の法律で、５年後に現在の電力会社の経営システムを解体することが定められています。しかし、本当にそれでよいのかどうか。そこを決めるのは、国民自身です。しかし、その国民の意志が今のところ不明確なのです。何故でしょうか？

それは、一言でいえば「４年前に再生可能エネルギー中心に、原子力を完全に追い出す、という目的でつくった《自然エネルギーの固定価格買い取り制度》をその侭に残し、かつ太陽光発電だけでも、最早や持て余すほどの大量の電源設備を持つ発電事業者を、そのままにして『電力完全自由化』という改革をすすめようとしていること」。それが、一方の大きな課題として残っております。**またもう一方には、第９章で見て来たように、電気料金が高騰して一般家庭の国民も、また産業企業の経営者も「これ以上電気料金が高騰されては困る」「早々に、原子力発電を導入して貰いたい」と切望していること。これは、別の見方をすれば、４年前すなわち３・11で国民の意志が突然、変化する直前まで、同じその日本国民が営々と進めて来た《原子力発電》を主体として、「きれいな地球を守る」という方向に戻るというインセンティブが働いているとも言えます。**

こうした2つの、同じ国民の意志が曖昧では、折角の今回の電力システム改革も正に同じく曖昧になってしまいます。

その曖昧さを、これからの5年間すなわち「43800時間」を掛けて、明確にしなければなりません。

日本の屋台骨とも言える電気事業は、正に戦後70年間（民営化9電力会社に再編してからでは64年間）に亘って、日本経済の発展と民主主義の進展に大きな役割を果してきたことは、誰もが認めるところだと思います。

しかも、わが国の高度成長期を経て安定成長期と重なる時期に地球温暖化問題が発生し、わが国は無資源国の知恵を働かせてCO2の無い、しかも低廉かつ安定的に電力（Kwh）を供給出来る原子力発電を懸命に推進してきました。こうして、わが国の国際社会に対する貢献は、原子力大国としての道を進み、地球温暖化の防止に努力し貢献していくことが、最大の外交的施策であると考えられて来ました。今考えて見ますと、わが国が主導して地球温暖化防止のために京都議定書を作成したのも、そうした日本国民の統一した着想の現れとして出て来たものだったとも言えます。

従って、5年前に民主党政権になってからも、同じ道が選択され、当時の政権によって2

000年を目途に、CO2を改めて1990年比25％削減するという大胆な目標を、国連総会で発表したのも、そうした流れを踏襲したものだったと言えます。しかも、その手段にメインは原子力を据え、新たに10年間で新規に100万KWの原子力発電所を10基開発するとし、サブセクターとして再生可能エネルギーも開発すべしというものでありました。

しかしながら、3・11の思いもよらぬ原発の事故で電力会社が一挙に国民の信頼を失い、とうとう今までの枠組みである、地域別発送電一貫体制というシステムを解体することが、国民全体の意志として求められた次第です。

◇製造物責任が果たせるのは、原子力発電を持つ電力会社しかない

トヨタのような巨大な自動車産業も、ユニクロのような衣料品メーカーも、多くの医薬品メーカーも、全てが商品を製造した生産者が、顧客である消費者の利用や使用についての最終責任を負うというのが、グローバル化した現在の世の中の正に、常識になっております。

電力（Kwh）という空気のように見えない、しかもその他に6つ合計7種類の特色を持つ商品であっても、この「製造物生産者責任の原則」は、決して免れません。免れないどころか、公益的共通資本とも言われるぐらいの、人々の「命」に直結する電力は、この点が最

も重要な点です。すなわち、現在も電力会社が、電気事業法によって電力（Ｋｗｈ）の《供給責任》を負わされているのは、そのためです。

ところがその電気事業法が今回改正され、いみじくも5年後には電力という商品の取引が完全自由化され、しかも「Ｋｗｈ」という生産物の製造者（発電事業者）の顧客である国民や産業企業に対する利用に関する責任は、法律上は無くなります。全てが、電力（Ｋｗｈ）という商品を使う人の自己責任になるのです。空気や水と同じように人の「命」に関わる重要かつ必要商品に製造物責任が無い、というように考えられる今回のシステム改革は、やはりかなりの無理があります。すでに第1章や第2章で述べて来ましたように、《発送電一貫体制》は、単に「独占」だから壊してしまえ、というようなものでは無く、他の商品と同じく、或いはそれ以上に『電力（Ｋｗｈ）』という特殊な商品の「生産者製造物責任」を、明確に背負わせるために、先人の尊い経験と知見が産み出した「フィードバック・レスポンシビリティ・システム」だったのです。

だが、今回は、それを電力の真の顧客である国民の要望で解体することが法律で決まったわけです。しかしながら私は、そういう状況下であっても、「電力の生産者製造物責任」は是非貫いて貰わなければ、真の顧客であるはずの国民は満足しないと思います。むしろ、多くの発電事業者や送電事業者、さらに電力を小売りし参入して来る新規事業者などが入り乱れて、しかも、商品市場取引に参入して来る内外ファンドのような投資家まで考えますと、一体それこそ「単一商品」の利用者である国民が本当に安心安全かつ低廉に、この日本の中で安定して利用出来るのか。本当に、心配になって来ます。

そこで私の結論を述べると、次の通りです。

全体の少なくとも、最低でも60%~70%は原子力発電と火力発電、それに自然エネルギーの水力発電や地熱発電、バイオマス、風力、太陽光などを、これからも自ら製造（発電）しているはずの電力会社は、今後も『生産物製造責任』を負うべきだと考えます。仮に今回の法律通り5年後に、発送電が分離されても、生産物（Kwh）という商品を利用し最終消費する国民に、信頼ある「おもてなし」のサービスをする総括責任者は、大きなシェアを持つ者の責任です。それは、この電力（Kwh）という商品が、唯一種類しか無いからでもあります。逆に、このために発電事業はじめそれぞれの部門に、新たに参入して電気事業をこれから営む人たちは、電力（Kwh）という商品の売買に於いて、お互いに厳しい競争者であったとしても、『顧客のうしろの真の顧客』は、国民であることを是非とも踏まえて、それこそコンプライアンスを守り、この事業の発展に協調協力していく必要があります。

指導的立場にある政府・行政機関や地方自治体なども、これまで以上にしっかりと電力会社が「総合エネルギー事業の新たな担い手」として、きっちりと新法の目的が果たせるように、《規制するのではなく支援し協力する》という、新たな価値観をつくり出して貫いたいと考えます。

むすびに代えて　――原子力発電のウエイトで決まる日本の価値

すでに述べて来ましたように、「過去の政治の失敗」をそのまま引きずっているわが国のエネルギー政策は、もはや誰が見てもおかしいと言えます。今回の新法の成立を踏まえ、今まで述べて来たようなコンプライアンスを守り、新たな視点で考えるという前提であることをご容赦ください。

いつの間にか、平均でＫｗｈ当たり33円もする太陽光発電だけでも、７４５３万ＫＷも導入することを容認してしまいました。稼働・未稼働を含む全ての再生可能エネルギーについて、政府が昨年10月末時点で認可してしまっている総発電設備量は、合計９２５９万ＫＷという膨大なものです。（**「第19図」**参照）

これが全て動き出したらたいへんなことになります。へたをすると、せっかく再稼働した原子力発電所をも、今度は無理やり調整しなくてはならなくなる状況になりかねません。何しろ、現在稼働している再生可能エネルギーからの電力は、全国合計で約３４７１万ＫＷですので、全体の電力供給能力の20％にしか過ぎないので、原子力を早く稼働させて国民や産業の負担を軽くしなければなりません。

だが、残り5788万KWは政府が法律に基づき容認したもの、すなわち何時でもパネルを張ったりして、発電設備がつくれる権利を得ているものです。いま電力会社と役所は協力して、いろいろとKwhの買い取りを制限しつつありますが、最終的には今のままでは堂々と建設されて、電力会社は強制的に過剰なものにもかかわらず買い取り、消費者である国民に一方的に消費して頂かざるを得ないことになって来ると思われます。

そうなると、そのことは原子力発電の再稼働にも影響してくることが心配されます。すなわち電力会社が必死になって原子力規制委員会の「世界一厳しい安全基準」をクリアーし、やっと運転に漕ぎ着けた原子力発電所への影響です。すなわち、燃料費でKwh当たり僅かに「1円」、設備費用も入れても他の電源より最も安いKwh当たり「8円」ですから、太陽光発電（平均Kwh当たり33円）の「4分の1」というように安く、しかも最も安定的な電源を動かせなくなる悲劇さえ見えてきます。

それではきれいな地球を守るために、懸命に取り組んでいる日本にとって真に困まる事態になります。

私は原子力発電について、日本がこれからもしっかりと取り組んでいること、そのことが世界の評価に必ずや繋がると思う理由が2つあります。

第1は、今や世界の各国がこぞって地球温暖化問題を解決しなければ、人類自体が自滅しかねないと真剣に考え始めたからです。その先頭に立つ国は、やはり電力の70％を原子力発電に依存しているフランスと、同じくフランス以上に無資源国として、つい4年前まで「原子力大国の旗」を掲げていた、日本しかいないのです。

もちろん、技術開発改革のテンポは日進月歩ですので、日本が原子力に頼らなくてもやっていける時が必ずや来ると思います。しかしながら、今のところはあれだけ大量に太陽光発電を導入しようと企んでしまった政治の失敗は、是非とも政権与党の安倍内閣が政治生命をかけてでも、取り戻す必要があります。

そのためには、仮に再生可能エネルギー総量の9千万KWに対抗する安定電源の、原子力発電を同じく9千万KW導入するというぐらいの強い信念を持ち、その目標を追求すべきではないかと思います。

設備の容量は同じでも稼働率12％の太陽光発電などと違って、原子力の9千万KWは、約8倍近いKwhの容量を保有しますので、原子力発電のウエイトは、多分45％ぐらいには達するのではないでしょうか。それでも未だ、フランスの70％には及びません。ついでながら、最近の情報では、フランスの原子力発電の比率を50％に下げるというニュースがあったようですがはたしてどうでしょうか。フランスもエネルギー資源に乏しい国です。そう簡単にはいかないのではないでしょうか。

第2には、近隣諸国が原子力発電の開発に熱心になっています。将来の化石燃料資源の枯渇を、彼らは真剣に考慮しているからでしょう。そうした彼らの要請に、是非とも応えていくべきです。そのためには、自ら原子力発電の推進を率先し、優秀な技術者を自ら育てる意気込みが必要であります。

例えば、中国はいま百基もの原子力発電所を一気に開発中です。その原子炉は、わが国でしかつくれないことを彼らも承知しており、わが国に頼っております。

仮に中国で万一、原子力の事故が発生した時は、緊急に援助できるのはわが国の役割でもあります。

苦難を乗り越え前進する科学立国・日本の姿を諸外国にすぐにでも示せるものは、原子力発電しかないはずです。

あとがき

　ちょうど、この原稿を書き終えた平成27年（2015）6月17日（水）参議院本会議で改正電気事業法が、改正ガス事業法や小売全面自由化後の電力・ガス取引監視等委員会の設置などの7つの法律と共に一括可決されました。自民公明の与党だけでなく民主党など野党も加え、賛成208票、反対僅か23票だったということです。要するに、殆ど与野党一致で可決成立しました。

　翌日の新聞は、そのことを次のように大きく報じておりました。

「電力選べる時代に、各社サービス競う」（読売）。「地域独占崩し完全自由化。異業種、競争がカギ、大手電力は事業再構築」（日経）。「5年後に発送電分離、電力システム総仕上げ」（産経）。「電力・ガス家庭が選ぶ」（朝日）。「発送電分離改正法成立、電力システム総仕上げ」（西日本）「値下げ・公平競争が課題、国、送配電の中立性監視へ」（毎日）など、電力システムが大きく変わることを焦点にした報道でした。

　また、私の地元の新聞ニュースは「九州電力年内にも組織再編。持ち株会社も視野」と報じ、5年後の発送電の法的分離の始末や都市ガス事業と電力事業との乗り入れなどについての動向を報じておりました。

　私は本文の中で述べましたように、今回の法律の改正はあくまで国民の意志の表れではあるけれども、4年前に突然、原子力発電を主柱にした「きれいな地球を守る運動」が、原子力をゼロにして自然エネルギーを主柱にするものに、慌ただしく激変したため、その後始末の手法を、今回の電力会社の解体で進めようとしていることだと考えております。すなわち、自然エネルギーに移し替える政策が、極端に言えば国民の意志として、「これからは電力会社に頼らないで、みんなで電力（Ｋｗｈ）を作りましょう」という宣伝を強烈に行なったため、思いも寄らないほど沢山の発電や小売りなど電力事業参入の投資家が、すでに出て来ているのが実態です。

　その新規参入者の多くが、本文に詳しく説明しました通り、政府が法律で保証したＫｗｈ当たり平均33円もする太陽光発電等です。原子力の発電からの電力商品はＫｗｈあたり８円ですがその４倍以上もする高価なものです。

　しかし、ここは是非、本当の国民の意志をもう一度、5年後の電力解体が本当に良いのかどうかを、問い質す必要があると思います。私は、本文の中で最後にこの法律通りに、電力改革がなされるとしても、国民のライフラインである電力（Ｋｗｈ）の「生産者（発電）の製造物責任」は、原子力発電等大半を今後とも受け持っている電力会社にあることを踏まえて、新たな地域別総合エネルギー事業の選択をしていく必要があると考えております。しかし今回の法律の下で完全自由化してしまえば、今迄のように電力会社にすべて責任を持ってもらうことは不可能なのです。それが、日本国民の従来からの「きれいな地球にする覚悟」に繋がると思うからです。

重要なことは、本文にも述べたとおり、発電された電力（Ｋｗｈ）には、製造物責任を持つ必要があることを忘れないで頂きたいことです。もしも、停電が発生したりあるいはサイバー攻撃があったりした場合、今後は全て自然エネルギーを利用して発電し供給（生産物を販売）された方々にも責任を持って頂くことになるということをしっかりと認識しておいてもらいたいということです。

それでは困るといわれるのなら、やはりもう一度今回の改正法を早々に見直していただく必要があります。

最後に、たまたま6月21日の産経新聞の社説も「自由化による弊害を防ぎ、実効性のある競争を促すには、安全性を確認した原発を早期に再稼働させ、電力の安定供給を図ることが不可欠である」と述べておりました。その通りだと思います。

今回も、多くの先輩、知人、友人の励ましを受け、漸く脱稿することが出来ました。皆様に心から感謝いたします。

また、㈱財界研究所の村田博文社長兼主幹には、大変貴重なアドバイスを受けました。担当編集者の畑山崇浩氏と秘書の廣田順子氏、並びに追い込みに成ると、徹夜で原稿を書いている小生が倒れないかと気遣って呉れている、愛称「うちの上さん」に、衷心よりお礼を申し上げます。

平成27年7月吉日

永野　芳宣

【著者紹介】
永野　芳宣（ながの・よしのぶ）〔久留米大学特命教授〕
1931年生まれ。福岡県久留米市出身、横浜市立大学商学部卒、東京電力常任監査役、特別顧問、日本エネルギー経済研究所研究顧問、政策科学研究所長・副理事長、九州電力エグゼクティブアドバイザーなどを経て、福岡大学研究推進部客員教授。久留米大学特命教授。他にイワキ（株）特別顧問、（株）正興電機製作所顧問、立山科学グループ特別顧問、ジット（株）顧問、TM研究会事務局長などを務める。
■主な著者
『小泉純一郎と原敬』（中公新書）、『外圧に抗した男』（角川書店）、『小説・古河市兵衛』（中央公論新社）、『「明徳」経営論 社長のリーダーシップと倫理学』（同）、『物語ジョサイア・コンドル』（同）、『日本型グループ経営』（ダイヤモンド社）、『日本の著名的無名人Ⅰ～Ⅴ』（財界研究所）、『3・11《なゐ》にめげず』（同）、『クリーンエネルギー国家の戦略的構築』（同、南部鶴彦、合田忠弘、土屋直知との共著）、『電気の正しい理解と利用を説いた本』（同）、『脱原発は〝日本国家の打ち壊し〟』（同）、『ミニ株式会社が日本を変える』（産経新聞出版）、『くまモン博士、カバさん―蒲島郁夫、華の半生―』（財界研究所）、『日本を滅ぼすとんでもない電力自由化』（エネルギーフォーラム）、『過信―踊る電流列島の危機《最後の作戦開始》』（財界研究所）ほか、論文多数。

きれいな地球にする覚悟
電力システム改革の総括書

2015年9月1日　第1版第1刷発行

著者　永野芳宣
発行者　村田博文
発行所　株式会社財界研究所
［住所］〒100-0014　東京都千代田区永田町2-14-3東急不動産赤坂ビル11階
［電話］03-3581-6771
［ファクス］03-3581-6777
［URL］http://www.zaikai.jp/

印刷・製本　凸版印刷株式会社

ISBN 978-4-87932-110-7
定価はカバーに印刷してあります。